女も飛びたい

航空黎明期に大活躍した
女性パイロットの群像

カロス出版

まえがき

「嚆矢《こうし》」という言葉がある。

昔、中国で戦いを始めるとき、敵陣に向かって放った一番矢のことで、物事の始まりの意味に使われている。そして、その矢が敵将を射落とすことができれば、味方の志気が上がり、戦いを有利に進めることができた重要な役割があった。矢は直進性に優れたかぶら矢が使われ、射手は弓の達人が選ばれた。

日本でも古くから伝えられ、合戦の始めに勝敗を決する重要な役目を帯びていたと言われている。

源平合戦、屋島壇の浦の戦で「扇の的」の古事に登場する那須野与一宗高は、まさにその典型的人物で、彼はその大事な場面で首尾よく、的の射落としに成功し、味方の志気を高め、源氏を勝利に導いた。

野球の一番バッターも同じで、うまく出塁できるかどうかで試合を大きく左右する、責任の重い立場である。

物事を成功させるのに、いかに始めが大切で、しかもそれは難しいことではあるが成し遂げなければならない。

本書は近代航空発展の過程で、今まで多くの人々が成し得なかった重要な役割を女性たちが初めて果たした数々の輝かしい業績を紹介し、彼女たちが勇気を振り絞って難しい初仕事、ドーバー海峡横断、大西洋横断、アフリカ大陸縦断、オーストラリア訪問、日本訪問などの初飛行に成功を収め、以後の人類社会にいかに貢献したかを述べたものである。

したがって、航空関係者、航空に関心のある方々をはじめ、中学生、高校生、大学の機械工学、航空工学の学生諸君はもとより、女性の皆さま、特に若いお母さま方が、この本を通じて、お子さま方に進んで事を成し遂げることの大切さを教えるのにお役に立てれば、喜びこれに過ぎるものはありません。

是非、ご一読されますようお薦め申し上げます。

平成二十七年三月吉日

末澤　芳文

目　次

まえがき　1
1 ❖天翔ける女人像　7
2 ❖気球男に惚れた貴婦人たち　11
3 ❖女性初飛翔の歓喜　16
4 ❖近代航空を引っ張ったパイオニアたち　19
5 ❖女も次は飛行機だ　21
6 ❖パラシュート初降下は十五才の少女　29
7 ❖99女性飛行家クラブの活躍
――クリーブランド女性飛行ダービー　34
8 ❖ドーバー初飛行のヤンキー娘
――ハリエット・クインビーの勇気　40

9 ❖ボストンの空に消えた星
——僅か十一ヶ月の女性飛行家第一号の生涯 58
10 ❖異国に残る二つのモニュメント
——女性飛行家の聖地バリポート 63
11 ❖永遠の空の恋人
——アメリア・イアハートの偉業 75
12 ❖南溟《なんめい》に散った華 84
13 ❖スピードにかけた女性パイロット
——ジャクリーン・コクランの活躍 97
14 ❖空は平等である
——世界初の黒人女性飛行家の心意気 104
15 ❖イギリス航空三人衆
——ケーリー、ピルチャー、マキシム 112
16 ❖英国女性パイロットはスポーツウーマン
——女性第一号はハイジャンプ選手 122

目次

17 ❖熱中症に勝てなかったメリー・ヒース夫人 127
—輝くケープタウン〜ロンドン初飛行
18 ❖後に続くヨーロッパ女性パイロットたち 139
—ビクター・ブルースとエミー・ジョンソンの功績
19 ❖陽気なパリ娘の飛行家たち 147
—エレナ・ブーシェとマリー・ヒルズ
20 ❖華開く大和撫子の初飛行 159
—兵頭精の苦節
①伊予は航空メッカか ②伊予の飛び屋たち ③兵頭一家の苦節 ④汐浜は天然の滑走路 ⑤大和撫子飛行士第一号の輝き
21 ❖西崎キク誉れの白菊号 182
—ハーモン賞に輝く日満親善初飛行
①日本女性水上飛行士第一号の誕生 ②ハーモン国際賞に輝く満州訪問飛行 ③魔の津軽海峡

22 ❖利根を彩る花二輪
――埼玉生まれの女性パイロットたち　190
23 ❖女優と飛行士の二足のわらじを履く女性
――田中阜子の華やぐ人生　193
24 ❖伊豆に消えたコリアンの星
――朴敬元の勇気
① 韓国女性飛行士第一号の輝き　② ビクター・ブルース歓迎飛行の大役　③ 伊豆に消えた星　196
25 ❖北に消えたナンバー2飛行士の夢
――李貞喜の不運　208
26 ❖世界の99INCメンバーたち
――拡大する女性飛行家組織　213
あとがき　220
主たる女性飛行家と航空発達年譜　222
参考文献　228

1❖天翔ける女人像

「空を飛ぶ」ことは、古来、人類共通の願いであり、その願望は単に男だけのものではなく、女も強く望んでいたことは言うまでもない。

しかし、なぜか人類は「空を飛ぶ」ことができないのである。つまり、空中飛翔機能が備わっていなかったのである。万物の霊長と言われながらなぜであろうか。

人は「飛ぶ」こと以外の地上・水上での歩行・遊泳などのすべての運動機能は充分備えている。しかし、空中高く飛び出し、そこを飛翔する運動機能はまったくなく、ただただ鳥類、昆虫類の鮮やかな飛翔姿勢を羨望の眼を持って眺めているほかなかったのである。

なぜ人間には飛翔能力が与えられなかったのだろうか。

アジアの古代国家の一つ、インドでは「シバの神」は「万物創造の神」として、人々の尊崇《そんすう》の絶対的存在でありながらも、「空を飛ぶ」ことだけはヒンドゥー教徒にさえ与えておらず、インドの人々たちにとってはただひとつ、満たされぬ願いとして残されている。

なぜ人間は空を飛ぶことが許されないのだろうか。その疑問。古代からすべての人類は誰しもこの大自然のアンフェアな掟に思い煩わされていたことは言うまでもなかった。

イカロスの飛翔実験（墜落の図）（大英科学博物館）

　そこで、人類は自らの力でこの本来の願望を果たすべく思考の限りを尽くして、人類創生以来、古くから男女を問わず、数々の挑戦の歴史を繰り広げていたのである。

　最も古いのはギリシャ神話のイカロス親子の話であろう。彼は父と二人で空中飛翔を考えた。そして、その方法として彼は父ダイダロスが作った蝋付された翼を背負って、ある日、敢然と空中飛翔に飛び出したのである。そして上昇を続け、ついに太陽に接近するところに達するや、そこで彼は不遇にも強い太陽熱で翼の蝋が溶け出し、あえなく墜落の憂き目を見たのである。彼はこの自らの不運に無念の思いやるかたなかったに違いない。

　そして、このような人類本来の願いは前記のごとく女性たちにとっても同じで、彼女たちも早くから男たちに負けず劣らず強い空への憧憬の念を抱き、古今東西あらゆるところで空への挑戦の試行錯誤を重ねていたのである。

これら古代人類の空への思いは、さまざまな形を採りながら遺跡として、今も世界各地に残されている。

そして、その多くは、各地の険しい山岳の断崖絶壁や、奥深い洞窟の壁面などに、見事な線画や彫刻像として見ることができる。

そして現在、それらの遺物を最も身近に観賞できるのは、量・質ともに誇る大英博物館の古代彫刻展示室であろう。その中には、頭部は鷲、鷹のように鋭い眼と猛禽類独特のするどい嘴を持ち、背中は大きな翼で覆われて、まさに鳥類そっくりであるが、その胴体以下足先までは人間のそれと同じ形をして、まさに「鳥人間」とでも呼ぶのにふさわしい形である。

この「鳥人間」の像は、大英博物館のほかにエジプト、ギリシャなどの著名博物館にもあまた展示され、中には鮮かに男性像と女性像と判明できるものも陳列されている。これらの像から、人類はその誕生当時から、男性・

見物人の前で手製翼で飛翔を試みるロシアの若者
（大英科学博物館）

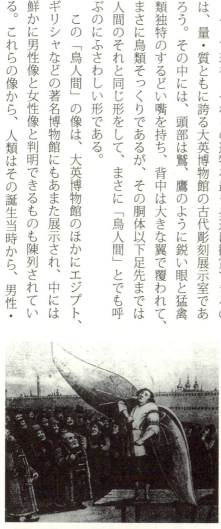

中国の空飛ぶ女性（唐時代の飛天の図）

天に昇るかぐや姫（竹取物語）（平安初期）

女性ともに大空に無限の憧れを抱きつつ、いつの日にかその望みを果たそうと考えていたことが窺えるのである。

そして、その飛翔手段としては、彼らは男も女も鳥の飛翔姿勢をお手本にし、まず翼を作り、それで鳥類の本能である羽搏《はばた》き運動を試みたのである。そこには、これこそが、空への唯一の方法と考えた彼らの一途な思い込みすら窺えるのである。

だが、実際に翼の羽搏《はばた》き運動で空への挑戦を試みたのは男たちばかりで、レオナルド・ダ・ビンチ以来、女性が羽搏き方法で飛翔したという記録は残されていない。

それは言うまでもなく、人間の体力の問題で、効率の悪い羽搏《はばた》き運動を持続するには強い体力が必要で、到底、女性の及ぶところではなかったことが何よりの理由である。

しかし、女性たちの空への願望は尽きることなく、彼女たちはその思いを絵画や文字にして残しているのである。

古来、女性の空へあるいは天へ昇る物語は数多く作られており、その代表的なものとして、西欧諸国では「箒に乗って空をとぶ魔女」の話であり、日本では平安初期の竹取物語の「かぐや姫」や室町時代の謡曲三番目物「羽衣」の三保の松原での天女の舞の話などが有名で、どちらも美しく絵にも画かれ、羽根のような薄い衣裳を付けた女性たちが軽やかに空に昇って行く様子が夢のように画かれた物語である。

また、中国にも唐時代の「飛天」の絵がある。

このように女性も早くから空を飛びたかったのである。

2❖気球男に惚れた貴婦人たち

だが、現実に女性が空中飛翔できたのは十八世紀、水素気球が出来てからのことで、水素の恩恵である。つまり、水素が発見されたのは一七六六年で、イギリスの化学者、ヘンリー・キャベンディシュが世界で初めてその単離に成功してからのことである。

水素は空気より軽い物質で、これを容器に封入して大気中に放出すれば、それは空中に浮揚するはずという画期的な理論を見出したのは、同じイギリスの化学者、ジョセフ・ブラックであった。

老若魔女の二人乗り逆ほうき飛行の図

だが残念なことに、なぜか彼はこの自らの理論を実際に試すことはなく、世を去ったと言われる。彼は誠に惜しいアイディアを逸したものである。何が彼をそうさせたのか。

そして、水素気球を作って実際に空中飛翔に成功したのは、イタリアの大学教授、ガヴァロ博士であった。

当初、彼は小さなゴム風船に水素ガスを封じたのである。博士はこのことで水素のＬＴＡ（Lighter Than Air）物質としての機能を確認することができたと言われている。

だが、その風船はわずか一分間余りの空中飛翔で天井に衝突し、あえなく破裂し、人々に公開するまでには至らず、彼には誠に無念な思いが残ったと言われている。

これが史上「初の水素気球の飛翔実験」と言われている。

その後、水素気球を空の乗り物として本格的に開発したのは、フランスの物理・化学者、ジャック・シャルルで、彼は有名な「シャルルの法則」を見出した大科学者であった。

彼はまず絹布を数枚重ね、それに天然ゴム液の塗布と乾燥を繰り返して強度とガス漏れ防止を確保した硬質の気袋を作った。これに金属と硫酸を反応させて発生した水素ガスを充填し水素気球にしたのである。

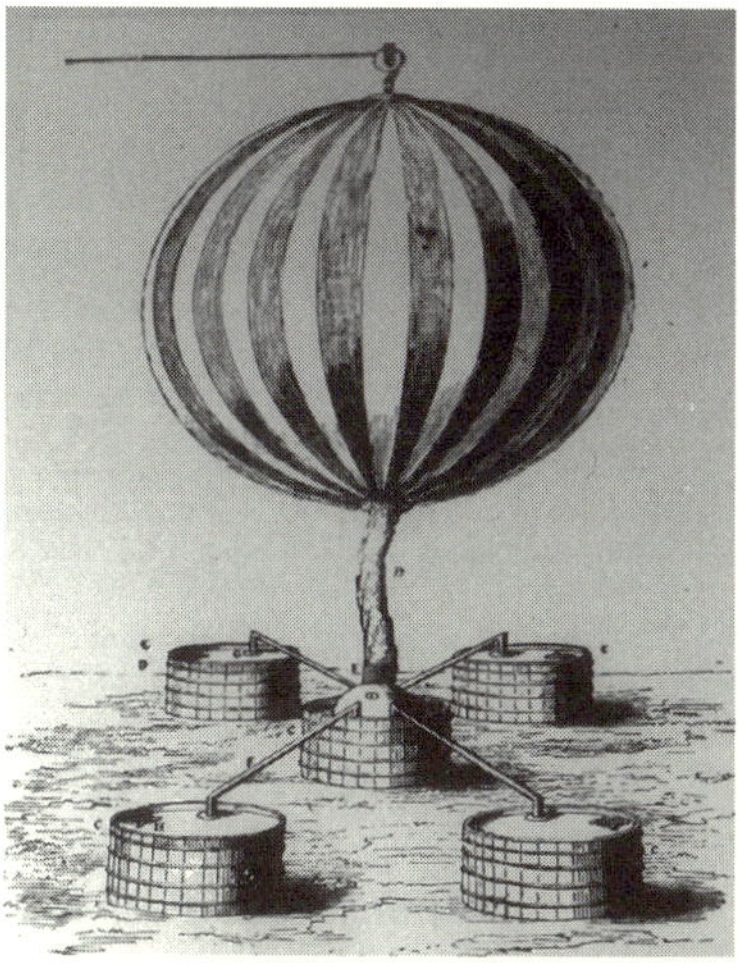

ヘンリー・キャヴェンディッシュ(1731-1810) 水素の単離に成功(イギリス)

◀水素ガス充填中の気球
(大英科学博物館)

彼はこの本格的な水素気球を「シャリエール」号と命名し、シャン・ド・マルスから放揚し、パリ上空約五〇〇メートルの上昇に成功し、水素気球実用の可能性を確かめた。

その後、彼は更なる改良を重ね、大型水素気球を作り、一七八三年十二月、今度は彼自身が搭乗を試み、自らの操縦で、市内のチュレリー公園から離陸。パリ上空約二七四メートルまで上昇。そして、約二時間の飛翔に成功し、大勢のパリジャンの喝采を浴びたという。世に「水素気球による人類飛行」とはこのシャルルの飛翔のことである。

この大成功によりシャルルはヨーロッパ気球飛翔の第一人者として名を成し、生涯にわたって数々の水素気球を作成したと言われている。

このように前人未踏の大型気球を作成し、しかも、その初飛翔に自ら搭乗し、フランスの名誉を

アメリカ南北戦争に出動した軍用水素気球（1861）

高揚させた彼の勇気とパイオニア精神は当時、フランス女性たちの熱い視線を浴び、大いに「持てた」と言われる。このように、シャルルは大学者でありながらも、男気の強い度胸のいい人物で、なかなかの好色家でもあったと伝えられている。

フランスは早くから拓けた航空大国であり、フランス女性たちが皆、空飛ぶ男たちに憧れを持っていたことは容易に頷けることである。その空の新しい乗り物の人間社会への実用化をいち早く考えたのは英国人であった。

つまり、この水素気球を世界的に新しい空の乗り物として初めて実用的に活用したのは、一八六二年の遅い秋、イギリスの気象学者で、当時グリニッチ天文台長でもあった、ドクター・グレーシャーであった。

彼はこの晩秋の早朝、自ら気球を操縦して約一二〇〇〇メートル上昇して、酸欠と寒さに震えながら、古今未踏の数々の高層気象データの収集に成功したと云う。

これが後に、「水素気球実用化の第一号」と言われている。

その後、水素気球の開発、研究は世界的に進められ、各国の人々は早々とこれを日常の生活物資輸送や空中見物の遊覧飛行、さらには軍事用として、敵の三次元攻撃の構想まで生み出していたのである。つまり、その華々しい軍事目的の始まりは、ヨーロッパでは一七九四年のフランスとオーストリアの戦い（佛墺戦争と呼ぶ）でのフルルの戦闘に登場し、フランス軍が大いに戦果を挙げたと言われている。

フェルナンド・フォン・ツェッペリン伯爵
（フランクフルト　ツェッペリン博物館）

その後、アメリカでは、南北戦争に気球部隊が出動しているが、当時はまだ気球が本格的に進歩していた時代ではなく、単なる浮揚気球で、一定の場所に浮揚しているに留まり、自由な操縦、運動機能は未開発で、わずかに敵状偵察が主な任務とされていた時代であった。

当時、この戦争に参加していた若きドイツ軍将校、フェルナンド・フォン・ツェッペリンは、この浮揚気球の欠点をいち早く見抜き、気球の任意の運動機能の必要性を痛切に感じ、彼は自ら創出したツェッペリン飛行船の基本構想としたことは有名な話で、硬質気球の始まりであった。また、この水素気球の軍事利用としては、わが国も太平洋戦争末期、アメリカ本土西海岸攻撃に、日本陸軍の登戸研究所で絹布・麻布を重ね、それにコンニャク液の塗布、乾燥の繰り返しで作成した大きな硬質気球に浮揚ガスを充填し、爆弾を吊り下げ、日本の北東太平洋岸からアメリカ西海岸向けて飛ばした。これが世に言う「風船爆弾」で、敗戦を目前にした窮余の一策とはいえ、約二百年前の方法と変わらぬ稚拙な攻撃手段と言うほかない。この爆撃攻撃でアメリカ、オレゴン州では第二次大戦唯一のアメリカ本土で数人の犠牲者が出たと言われ、現在、その慰霊碑が建立されている。

3❖女性初飛翔の歓喜

一八世紀半ばパリ、マルス広場でのジャック・シャルルの「気球の人類初飛翔」が成功して以来、世の人々はこの安定した空の乗り物を前述のごとく実用化し、日常生活の中で娯楽にも使いたいという発想を創出し、「空中散歩」と称して遊覧飛行を始めたのである。

これは当時、パリ市民に絶大な評価を受け、大好評であったと言われる。

しかも、これには当時、すでに男性ばかりか女性たちにも大いに持てはやされ、彼女たちの思い入れ、熱の入れようは格別であった。

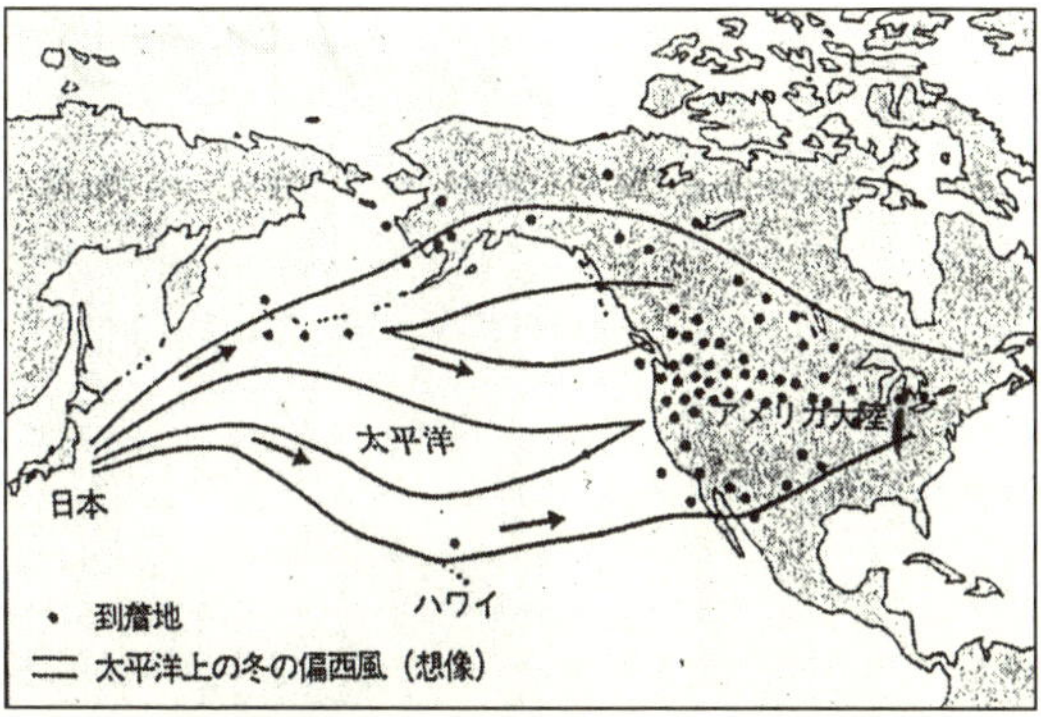

風船爆弾の飛行経路と到着点（大江戸博物館）

そして、雨の日以外の日はいつも大賑わいをしていたと、当時のニュースは伝えていた。

これが世に言う「世界初の女性の空中飛翔」で、つまり「女も空を飛ぶ」ことができたのである。そして、彼女たちは一度気球に乗ると、皆それが病みつきになり、しかも乗った人々の体験談が口コミで好評のうちに世間に広く拡がり、それは当時、パリは男も女も押すな押すなの大賑わいで、女は特に初飛翔の歓喜に沸いたという。貴族や金満家たちはその後、皆、自前の気球を持つまでになり、彼らはパリの気球屋に自分のアイデアを示し、色とりどりの実にカラフルな、現代の熱気球同様の華麗な気球を作らせ、やがてこれが欧州全域に拡がったことは言うまでもなかった。人々は朝な夕な、好きなように気球を飛ばし、それま

イギリスの航空先覚者
ジョージ・ケイリー卿（1773-1857）

で彼らが高級趣味を自慢していた乗馬や狩猟は、嘘のようにやめて、誰も彼も皆、「気球のとりこ」になったかのような日々で、「空中散歩」と洒落込んでいた。

もちろん、彼らは夫人や娘なども同乗させ、家族ともども日常の生活をエンジョイするまでになり、「空飛ぶ女」の喜びは格別であったという。

かくして、毎日の生活が気球一辺倒になった彼らは、その後も新型気球を次々にオーダーして、当時、気球産業は欧州諸国で隆盛の一途を辿っていたと言われる。

もちろん、女性たちもこの気球ブームに遅れじと、夫婦や友達同士で嬉々として気球に乗り込んでいたと言われ、たいていの女性は何かのチャンスで少なくとも一度は気球を体験し、それまでの女性の空への夢は皆、よろこびのうちにひと先ず果たすことができたと云えるのであった。

だが、科学、技術の進歩のテンポは速く、ドイツ、フランス、イタリア等では早くも飛行船を開発するまでになり、それもやがて、ライト兄弟が「人類初の動力飛行」に成功し、飛行機が次の安定した空の乗物として登場するや、女性達が次第に空での活動の場を気球から、飛行機へと拡げて行ったのは至極、当然の成り行きであっただろう。

4❖近代航空を引っ張ったパイオニアたち

だが、この新しい空の乗り物、「飛行機」の開発・発展については、やはりイギリスの「産業革命」に負うところが大きいことは言うまでもなかった。

つまり、十八世紀半ば、イギリス中部の工場地域での「コークス溶解法」による鉄の大量生産成功に始まる「産業革命」に触発されたかのように、世界各地であらゆる分野の人力労働が機械力に置き換えられた、いわゆる労働解放に科学・技術が大きく貢献した歴史があった。

そして、その科学技術発展の効果が空中飛翔の航空分野にも及んだことは言うまでもなかった。その結果、早くもグライダー、飛行機が開発され、各国航空界は先進的科学技術者の活躍で著しい進展が見られたのである。

その当時、飛行機発展に貢献した各国の代表的人物は、まずイギリスではジョージ・ケーリー準男爵、ハイラム・スティーブンス・マキシム、ウイリアム・ヘンソン。それにパーシャー・ピルチャーなどである。フランスではサントス・デュモン、ルイ・ブレリオ、ガブリエル、シャル

ドイツ航空の祖、オットー・リリエンタール（1848-1896）

ル・ヴォアザン兄弟。それにアンリー、モーリス・ファールマン兄弟などがいた。

　また、ドイツではグライダー研究の第一人者で「ドイツ航空の祖」とまで言われた、オットー・リリエンタールの功績が大きい。

　さらに、アメリカでは少し遅れながらも、前述のウィルバー、オーヴィル・ライト兄弟が「人類初の動力飛行」に成功した功績は言うに及ばず、さらに後日、水上飛行機の開発に大きな足跡を残したグレン・カーチスの存在も偉大であった。またロシアではツボレフ、スホーイらの業績が大きい。彼らは自国での飛行機に関する技術の指導者として後進に道を伝え、その生涯にわたる飛行機研究には、皆、顕著な功績を残しており、世界の航空技術の基礎はこれらの人々に引っ張られて、今日の近代航空の姿を迎えることができたと言っても過言ではない。

　かくして、各国競って飛行機の開発・研究に走る激しい競争の時代に入ったが、その中にあって人類社会に今日の繁栄の姿を迎えることができたのは、何と言ってもライト兄弟たちのフライヤー一号による「人類初の動力飛行」成功にあることは論を待たないであろう。

5❖女も次は飛行機だ

一九〇二年、ライト兄弟の「人類初の動力飛行」が成功し、飛行機が気球や飛行船に較べスピードが速く、運行・整備なども比較的容易で、すべての面での高い有用性が認められ、各国がこぞって飛行機の開発・研究・生産のテンポを早めていったことは言うまでもなかった。

そして、世の中がまさに「飛行機万能」の様相を呈するまでに発展したことは至極当然の成り行きであった。また、それによって世界各国の軍人達は、前述のごとく単に平和利用に留まらず、気球同様に、早くも敵を立体攻撃の視野に入れた軍用目的をも創出したのである。さらに、時代とともに新型機が速度・高度・距離などすべての面で次々とその記録を更新し、性能が著しく向上するに及び、各国の軍人はもとより若い男性や進歩的な人々は皆、飛行機の発達に異様な関心を示し始め、当時、飛行機の話と言えば、もうそれは皆、男性社会の話であった。

ところが、女性たちはその間、飛行機についてはまったく無関心の状態で、彼女たちは誰もそんな危なかしい「空飛ぶ機械」などに興味を示す者はいなかったのである。

しかし、飛行機が確実に進歩し、次々と記録を塗り替え、その実用上の有効性が世の中で声高になり、飛行機が近代社会のシンボル的存在として、やがてそれが女性たちの耳に入るや、もう

ライト・フライヤーⅢ型機（1905）（カリロン歴史公園、デイトン）

それは彼女たちも無視できなくなり、次第に飛行機に目を向け始め、いちど空を飛んで見たいという者が現れてきたのである。特に若くて元気のよいヤンキー娘や、陽気にはしゃぐことが大好きな明るいパリ娘たちの日常生活の暇つぶしにはうってつけであった。

しかも、その間に前記の如き世界各国の優れた航空パイオニアたちの日夜たゆまぬ研究努力によって、新しい機能を持つ飛行機が次々に登場し、航空界は目覚ましい発展を遂げて、女性たちも一層の共感を覚えていたのは至極当然であった。

そして当時、これら新型飛行機の主なる進歩の足跡として、機体ではまだ制御機構が不十分で、飛行機の操縦が不確実で、飛行が不安定になりがちであったが、彼らの素晴らしい発想から、主翼・尾翼に確実な補助翼を付け、それによって上下・左右方向だけでなく、機体の旋回運動をも円滑に作動できるようにしたこと

欧州女性たちの空中散歩
（上）大型気球（1963 年頃）、（下）軽飛行機（Avro-504 機）（1923 年頃）

が大きな進歩であった。

また、初期には複葉機が多く見られたが、その後は次第に単葉・低翼が主流になり、翼の空気抵抗軽減に効果をあげたことも特筆されることである。さらに、胴体断面も初期のものは四角形に近いボックス形が多く使われていたが、それを円形断面にし、胴体全体を流線型にして飛行中の空気抵抗を著しく軽減し、ほぼ現在の機体の原形を作りだしていたことが何より大きな改良点であった。機体材料についても、初期の機体の多くには、針樅《はりもみ》の木など硬質木材が使われ、早くから機体強度の不足が指摘されていたが、「産業革命」以降、新金属の開発が進み、飛行機にもようやく金属胴体が開発され、飛行機の基本形がほぼ完成に近付いたのであった。

また、エンジンも、前述のごとく、鉄の大量生産技術の成功から，設計が楽にできるようになり、初期の重くて不便な大型エンジンの小型化が可能になった。そして、かつての四気筒・タテ形が次第に冷却効果の大きい十二気筒・星形へと順次進歩の道をたどっていったのであった。

このように目覚ましい発展を続ける飛行機の姿に多くの若い女性たちが更なる共感を覚えたであろうことは容易に想像できることであった。

しかし、女性が飛行機で空を飛びたいと言っても、最初から自分一人で飛べるとは考えてはいなかったのは当然のことであった。

もちろん、最初は誰か先輩との同乗飛行しかないことは十分わかっていた。

これは女性ばかりか、男性の場合も全く同じであった。

つまり、同乗飛行によって飛行中のスピード感覚、機体の前後・左右・上下方向の動揺や加速度などに対する身体の感応度を実感し、覚えて、次第に飛行に慣れることから始められるのである。

そして、その繰り返しを一定期間経てから単独飛行に移行するのが一般的である。

これはどこの国でも同じで、もちろんその前段階として地上滑走機で離陸訓練が当然行われる。

このやり方も各国共にほぼ共通のカリキュラムで行なわれ、我が国でも当初は飛行機技術の第一人者と言われた奈良原三次や日野熊蔵大尉設計の地上滑走機、それに外国製のものも使われていた。

しかし、当時は前述のごとく、飛行機そのものがまだ開発途上にあり、機数も少なく、しかも肝心の飛行訓練を実施する飛行学校や飛行機研究所が欧米に較べてはるかに少なく、全国でも二、三校あるかどうかの時代で、男も女も飛行訓練を受講すること自体、容易ではなかったのである。

そのうえ、飛行機操縦技術そのものが、当時から時代を先取りした高度な先端技術であり、それを習得する受講料も当然高額で、しかも常に危険を伴う不安定な要素も多く、いつでも誰でもという状況ではなかったのであった。

そして、いざ教習となっても、女性が男性に伍して訓練を受けるには、まず体力が問題になり、しかも、ときには事故で大ケガをすることもしばしば起こり、それは並大抵の根性で耐えられることではなかった。

いわば、当時、飛行機の操縦訓練は女性にはまだ無理な時代であったのである。

そんな世の航空事情の中にあって、いち早く女性パイロットとして名乗りを上

アメリア・イアハート（1897-1937）

げたのは、やはり航空先進国と言われた欧米諸国の女性たちで、アメリカ、イギリス、フランス、ドイツなどの気鋭の女性たちであった。そして各国では、民間の飛行クラブを中心に早々と女性の飛行訓練が行なわれていた。

しかも、その多くは貴族や金持ちたちの子女で、経済的に恵まれた、いわば金に心配のない階層の女性たちばかりで、彼女たちはライト兄弟の「人類初の動力飛行」の成功からわずか十年余り後の一九一五年ころにはすでに小型機の操縦桿を握っていたと言われる。

例えば、アメリカではかの有名なアメリア・イアハートもその一人で、彼女は一八九八年ボストンの裕福な家庭に生まれ、何不自由なく好きなことをしながら育てられ、飛行機については幼少時から空に興味を持っていたと言われ、恵まれた環境のうちに小型機の操縦練習をしていたと

いう。

イギリスではメリー・ヒース夫人が早くから名を成し、フランスでも二、三人の進歩的女性の名が挙がっていた。これらの女性パイロットたちは皆、自国で早くから飛行ライセンスを取得して、日ごろから飛行記録更新などの目標に向かって、なお一層腕を磨いていたのであった。また日本では、後述のごとく愛媛県出身の兵頭精が初めて三等飛行機操縦士として女性パイロット第一号となり、大和撫子として万丈の気を吐いていた。

このように、飛行機の進歩とともに、古来女性たちも憧れていた「空中飛翔の夢」がようやくにして実現可能な時代となり、各国で女性飛行家が誕生して、その活躍が一層華やぐ時代となったのである。

そして、この女性たちの平素の飛行訓練はほとんど、前述のごとく、各地の飛行学校で先輩教官から直接指導を受け、その技術を理解し、いち早く吸収することであった。そして女性訓練生同士で、大いに切磋琢磨して、互いに操縦技術修得に励むことが何より大切であったことは言うまでもない。彼女達はライセンス取得後もなお飛行訓練を続け、操縦技術の腕を磨くことを忘れなかったのである。

そして、彼女たちの中から、早くも各種の飛行競技会のイベントに出場する者も出て、各自、それぞれの目標記録の達成に鎬《しのぎ》を削る勇ましい女性が現れていたのである。

だが、また一方では、同じ女性でありながらも彼女たちとは対照的に、日常、優雅な生活に明け暮れる金持ちの夫人たちは、前述のように「空中飛翔」に興味を示し、これまでの乗馬や狩猟などの趣味に替わって、先ず気球に乗って「空中散歩」とシャレたり、気球で「近距離旅行」に出かけたりすることの愉しみを覚えた女性もいたのである。

しかし、これらの金持ちの夫人たちも、やがて気球より速度の速い飛行機に更なる興味を感じて、早速飛行機に乗り替える元気な者も次第に増えていったのも当然のことであっただろう。

このように、気球、飛行機が世の中に拡がるに従って、墜落事故もしばしば起こっていた。そこで、パイロットや乗客の生命保全のためのパラシュートが研究・開発され、大いにその有効性が称賛されて、各国は飛行機の進歩とともに、その救命具の研究も大いに進めていたのである。

そして、絹布・木綿布・麻布などに空気の気密性を持たせるために樹脂類で加工し、大きな傘袋を作る技術が進行していたのであった。

そして、パイロットも乗客も、以後、飛行機の搭乗時には必ずパラシュートを着用することが義務付けられるまでになった。これで人命救助に大きな効果を発揮することができ、飛行機の安全性が大いに高められたのであった。

このように、十八世紀後半から十九世紀にかけて、空中飛翔技術は大いに発展の兆しを見せ、近代航空の幕を明けたのであった。

6❖パラシュート初降下は十五才の少女

当時の科学、技術の英才たちの頭脳の巡りは目まぐるしく、人類文化の進歩のテンポは極めて速かった。それはわずか二、三年で早くも次の発想が実現していた時代でもあった。

例えば、気球についても、よく知られたフランスのモンゴリフェ兄弟の熱気球の実験は、前記のシャルルの「水素気球による人類初飛翔」と言われた初飛行のわずか一年六ケ月前のことであった。

しかも、この成功が当時の国王ルイ十六世の知るところとなり、国王がこの熱気球に人間を乗せて飛ばすことを考えたことは有名である。そして、彼がその前段階として の動物（ニワトリ、アヒルなど）の高空飛翔実験をやらせたのはわずかその三カ月

シャルルの水素気球（模型）（大英科学博物館）

後のことであった。

さらに、この熱気球で現実に人体実験として、元気のよいピラトール・ド・ロジェとダルラント公爵が搭乗してパリ上空九一五メートルまで上昇し、約二五分間の飛翔に成功したのは、シャルルの実験のわずか一ヶ月前の一七八三年十一月のことであった。

このように、この時代の科学・技術の進歩は実に速かったのである。

この時代の人々は常に「モノ作り」に頭を使って、世の近代化を促進していたことがよく窺えるのである。

そしてその翌年、一七八四年には、同じくフランスのリヨンで、マダム・シブレが初めて気球の「乗客」として搭乗し、気球の快適さを愉しんだと伝えられ、これが女性としての最初の空中飛翔と言われている。

以後、気球が女性たちの日常生活にも及び、彼女たちの人気を博していったことは前記の通りである。

このように、気球、飛行機が人々に数多く利用されるにつれ、その墜落事故も当然発生して、パイロット、乗客の生命保全が声高になっていたのは当然で、飛行機の進歩とともに、前述のように早くもパラシュートが開発されていたのである。

アメリカ、フランス、イギリス、ドイツなど航空先進国では、各種の織布や樹脂類を使ってのパラシュートの開傘実験が盛んに行われ、その安全性・確実性の研究が活発に行なわれていた。そして、パラシュートの最初の実験はアメリカ・カリフォルニア州で一九〇八年、当時まだわずか十五才であった、元気な少女によって行なわれたのであった。

彼女の名はタイニー・ブロードウィックといい、活発な子らしく、もちろん、すでに気球にも乗った経験があり、少女ながら高度恐怖などはなく、むしろ空中飛翔を愉しんでいたと言われる。

そして、最初のジャンプは熱気球からであったが、彼女は臆することなく高度約数百メートル

パラシュート脱出の3ステージ。
脱出（上）、展開（中）、開傘（下）

から見事開傘、飛翔に成功した。人々の大喝采を浴びたことは言うまでもない。

彼女はその後もカーニバルなどにも参加して、気球からの降下ショーはおよそ数千回にも及んだというベテラン振りを発揮していたと言われる。

そして、さらに彼女はアメリカ陸軍からの要請を受け、ついに気球よりはるかに高速の飛行機からジャンプを試み、見事成功を収めた。アメリカ陸軍がこの勇気ある少女にお褒めの賞を贈ったことは言うまでもない。

このようにして、パラシュートが飛行機の発達とともになくてはならない航空機の人命保全器として、軍用・民間を問わず、あらゆる空中飛行に使われ、今日に至っている。

アメリカ女性パイロット第一号のハリエット・クインビーのボストン飛行競技会での悲運の墜落死の原因の一つに、彼女がこの日に限ってなぜかパラシュートを身体に着けていなかったことが指摘されているが、誠に不運な事故であった。したがってこれもあるいは防ぎえた事故かもしれないと言われ、人々の無念の思いのコメントが残されている。

このパラシュートの降下ショーは我が国でも水素気球とともに一般公開されている。

最初は一八八九年（明治二十二年）、上野公園で主に東京、千葉、埼玉の人々が集まって盛大に繰り広げられた。

そして、その翌年十月、第二回目の航空ショーが横浜公園（現中区の横浜スタジアム付近）で行われ、同じように気球は直径約八・五メートルの薄い布製の気袋に水素ガスを充塡し、下端にゴンドラを結び付けた構造であった。

そして気球の浮揚は、気袋の周囲に垂らした荒縄の先端をあらかじめ約十八リットル入りの砂袋に結び付けて置き、浮揚の際には水素の充塡完了の合図とともに、砂袋に結び付けておいた荒縄を一斉に解いて放出し、気球を揚げたのであった。そして浮揚した気球はまるで大きなラッキョウのような恰好に見えたという。

パイロットはイギリス人のパーシヴァル・スペンサーといい、彼はゴンドラに搭乗し、約七、八分経過したとき、パラシュートでゴンドラから飛び降りた。パラシュートはうまく開傘し、彼は公園近くの町中に無事着陸し、約二千三百人の大観衆の喝采を浴びていたという。当日は好天にも恵まれ、主として横浜、鎌倉辺りから大勢の見物人が訪れ、押すな押すなの大盛況で、東京から音楽隊も来て、初飛行ショーは成功裡に終わったと、当時の東京日日新聞の記事が残っている。

以後、我が国の航空の発達と共にパラシュートも人命保全の器具として搭乗時に着用が義務付けられるまでになった。

これらはすべて、約百年前、アメリカの十五才の少女の勇敢なパラシュート降下の恩恵に負うところが大きいと言わねばならないのである。

7❖99女性飛行クラブの活躍

──クリーブランド女性飛行ダービー

このように世界の空の乗物は人知の弛まざる閃きによって、気球、グライダー、飛行船、飛行機、ヘリコプターへと次々と、それぞれ独特の機能を備えた新たな乗り物として開発されるや、人々は男性はもとより女性たちも次第に興味を深めながら、それをエンジョイするまでになっていた。

そして、中には独特の発想のもとに少し変わったことを試みる才人も現れていた。その中の一人、米人、ベッシカ・ライチェは、彼女自身、飛行機の将来をどう捉えようとしたのか、驚いたことに彼女は小型飛行機を自宅で作り上げたという。恐らく一人乗りの翼長数メートルの超ミニ機だろうが、当時人々の驚きは大変で、しかもこれを飛ばしたというから大したものである。そのときの飛行の詳細は詳らかではない。もちろん幾人からの物心両面にわたるサポーターがいたことに違いない。それは一九一〇年九月のことであったが、ここまで来ると女性の飛行機の病み付きぶりはまさに男性顔負けの勢いと言うほかなかったのである。

第１次大戦中のイギリス　ロールス・ロイス飛行機女性作業員（1919 年頃）

また同じ年、自分の操縦技術が当時、アメリカ切っての曲芸飛行家、グレン・カーチスに認められ、彼のアクロバットチームの一員に抜擢され、各地のエアショーで喝采を博していたという、まさに飛行曲芸士の名にふさわしい女性がいたのである。

彼女の名はブランチェ・スチュアート・スクールといい、グレン・カーチスの絶大の信頼を得ていたと言われる。そして、カーチスは彼女のことについて「彼女は飛行ライセンスは持っていなかったが、一九一〇年九月十六日時点で、正真正銘のアメリカ初の女性パイロットである」と彼女の飛行機操縦技術の確かさを激賞したのであった。

当時は飛行ライセンスがなくても飛行機操縦ができたのであろうか。今考えると奇妙だが、当時はアメリカでもまだパイロットの認定試験制度が確立していなかった時代（ライト兄弟の人類飛行からまだ数年しか経っていない時代）で、カーチスのような大飛行家がＯＫすればライセンスがなくても飛行機の操縦が認められていたのだろう。

このような元気な若い女性たちの活躍に刺激され、アメリカでは女性飛行家の誕生が続き、一九二九年にはついに百名に達した。そしてこれらの女性飛行家の中には、この際、世界で初めての女性だけの速度飛行競技大会を開催して女性の飛行技術の向上を競う「ウーマン・エア・ダービー」をやってはどうかという勇ましい提案が、元気のよい若いパイロットの口からとび出したのである。

しかも、この「エア・ダービー」をかの有名なクリーブランド飛行大会と同時開催の要望がなされていた。

しかし、当時は女性飛行家に対する飛行機操縦技術の未熟さや体力の問題などからこのクリーブランド飛行大会に参加することは認められていなかったのである。

そこで、彼女たちは自分たちの「エア・ダービー」を「クリーブランド飛行大会」と共催する案を新たに提案し、その結果、ようやくにして、それが承認され、彼女たちは晴れて、初の女性オンリーの「エア・ダービー」を開くことができたのであった。開催日は一九二九年八月二十四日。待ち望んでいた多くの女性パイロットたちの意気が上がったことは言うまでもなかった。

そして、このエア・ダービーへのエントリーは、エンジンサイズにより馬力の大きい高速グループと、パワーの小さいグループに分けられ、コースは男性と同じ、カリフォルニア州サンタモニカからアメリカ大陸を横断して、オハイオ州のクリーブランドに至る長距離飛行でその最短飛行時間で優勝者が決まるタイムトライアルがルールであった。

そして、初めて女性たちが参加し、これまでに見られなかった華やいだ風景を目にした主催者側の一人、ウイル・ロジャーズは「まるでパウダーパフダービーだ」と皮肉っていたと言われる。

そして、彼女たちのエア・ダービーの結果は高速のハイパワークラスでは、ルイス・サーディンがJ－5機で、また、セカンドクラスでは、ホエベ・オムリーがそれぞれ、優勝を果たした。

この初の女性オンリーのエア・ダービーも、本来は速度競技であり、当然ながら、競争意識は強かった筈であった。

フライトの後、化粧直しをする女性パイロット
（クリーブランド女性エア・ダービーにて）

だが、何分にも彼女たちはタレント性の色濃い女性パイロットであっただけに、なぜか競技雰囲気は皆、友好的で、大会は終始なごやかに運営されていたと言われる。

そして、エア・ダービー参加機が全機（約二十数機であったと言われる）事故なくクリーブランドに到着した後、アメリア・イアハートはじめ、グラディ・オドメール、ルース・ニコルス、グランチェ・ノイス、ホエーベ・オムリーそれにルイス・サーディンら主なる女性飛行家たちがあつまり、そこで、自分たち女性パイロットだけの友好組織を結成することが決められたのである。

その結果、その参加案内状が全米女性飛行ライセンス取得者全員に送られた。

反応は百十七名中、八十六名から参加申込みの返事が寄せられたのであった。

そして、彼女たちは、あらためて一九二九年十一月二日、待望の飛行クラブ設立のため、前記の主なるメンバー二十六名がニューヨーク州ストリームバレーのカーチス飛行場の格納庫に集ったのである。

そこで、彼女たちはこの飛行クラブの目的・役割と、とりあえずの担当者の氏名などを機械的に決めた。

その日は何分にも初めての集会であり、パーティ的なものは何もなく、彼女たちは皆、各自持参のお茶一杯のミーティングであったが、熱気溢れる友好的な、まさに女の意気軒昂たる雰囲気であったという。

そのとき決められた主なる事項は、まず、メンバー資格は女性で飛行ライセンス所持者なら誰でもよいこと、会の目的は女性パイロット同士の飛行に関しての良き友情、仕事の共有。そして各自の成し遂げた飛行の記録をファイルし、本部事務所に保管すること、などであった。

ただ、このとき少し手間取ったのは、このクラブの名称決定のことであった、いろいろ議論されたが、結果的にアメリア・イアハートとジーン・デヴィス・ホットの提案で、この時点での登録メンバーの数で決めることになり、この日、人数は八十六名であったが、最終的には九十九名になり、クラブの名は結局「ナインティ・ナイン」（九十九）と決まった。これがこのクラブの通称となって、世界で呼ばれていたのである。

この女性パイロットクラブは世界で初めての女性だけの飛行クラブであったため，以後各国でも有名になり、活発な飛行実績を挙げていた。そして、クラブの設立規約から構成メンバーはあくまで九十九名であったが、その後、クラブ名が世界的に知られ、組織が拡大したのは当然であった。

そして一九三一年になって、会長・役員が改めて選挙で決められ、アメリア・イアハートが正式に初代会長に、ルイス・サーディンが書記に就任したのであった。

アメリアたちは、前記のクラブ設立目的に従って、若い女性パイロットの育成とその技術指導などを積極的に進め、彼女たちの飛行家としての資質の向上に貢献し、数多くの女性パイロットの誕生を促進した功績は誠に大きいものであった。

このアメリカの女性飛行家たちは、第二次大戦中は男性パイロット出陣の補充として動員され、「女性補助航空団」が、テネシー航空宇宙局の命令で、優れた操縦技術の女性パイロット二十五人で組織された。略して「ＷＡＦＳ」と呼ばれた。その中で一九四二年になって、その一人ベッティ・ヒュラーは輸送機によるアメリカ陸軍部隊の国内移送任務を果たして、女性ながら戦争遂行に貢献し、しばしば軍の褒章を受けていた。

また終戦間際にはB29戦略爆撃機に搭乗し、機内で通信業務の任務に就き、日本本土爆撃に参加していたことはよく知られたことである。

このように「99女性飛行クラブ」の活躍は目覚ましく、その名は長く、全世界に知られた女性飛行クラブであった。

8❖ドーバー初飛行のヤンキー娘

――ハリエット・クインビーの勇気

このように、一九二九年、アメリカで世界初の女性だけで創立され、その後、各国でその盛名が謳われた「99女性飛行家クラブ」の名称は、前述のごとく、設立当初の会員数(九十九人)に由来したものであった。

ところが、その後、飛行機の性能向上に伴い、その需要数も次第に増加の傾向を示し、世はまさに飛行機万能の様相を示すまでになった。

それは当時、すでに各国間の国際情勢の緊張が高まり、アメリカ、イギリス、ドイツ、フランスなどの各国は、飛行機を単に平和目的だけに留まらず、より一層軍事目的への活用の声が高まったからでもあった。したがって、それらの飛行機を操縦するパイロット数も当然増加し、その傾向は女性パイロットにも及んだのは言うまでもなかった。

そして、彼女たちは次第にその数を増し、しかも、単なる各地の訪問飛行だけにとどまらず、その操縦技術の優れたものは早々と陸軍からの要求で男性パイロットの代替要員として軍用機に搭乗していたことは言うまでもなかった。これは当時の世相から当然のことであった。このように女性パイロットが増えるに従って「99女性飛行家クラブ」の会員数（九十九人）の規約も当然改正せざるをえなくなり、その結果、会員数は増加の一途を辿ったのであった。

そして、会員たちの中には、前述のクリーブランドでの「エア・ダービー」をはじめ、各地の飛行大会に出場し、速度、距離、高度などのイベントで、それぞれ新記録を樹立するなど、大いに女性パイロットの評価を高める業績をあげていた。

もちろん日々の訓練には余念はなく、中には男顔負けの空中での曲芸飛行を披露する女性パイロットも現れ、有名な「カーチス曲芸飛行団」などから勧誘を受け、そこで活躍する若いパイロットもいたのである。

彼女たちの多くはそれによって自らの操縦技術の向上は言うまでもなく、人間社会への飛行機の普及にも貢献し、より一層、自国の文明社会へのパイオニア的役割をも結構果たしていたことも間違いないことであった。

その先駆け的存在として、世界に名パイロットとしてその名を謳われたのは、ミシガン生まれのハリエット・クインビー、ボストン生まれのアメリア・イアハート、それにフロリダ生まれのジャクリーン・コクランなどであった。

ハリエット・クインビー(1875-1912) アメリカ女性パイロット第1号

これらの三人は世界の先人たち同様に、いずれも幼少時から特に空に興味を抱き、日ころから鳥類、昆虫などの飛翔姿勢を注意深く観察し、いつかは女性ながら空中飛翔の夢を果たしたいと考えていた頭脳明晰の少女たちであった。このうちアメリア・イアハートは後述のように女性初の大西洋横断飛行で著名であるが、航空界に出たのはハリエット・クインビーが一九〇八年ころからで最も早く、ハリエット・クインビーは世界的にはフランス女性よりわずかに遅かったが、アメリカ女性初の飛行家として華々しくデビューしていたのである。

このように、ライト兄弟の偉業によって、人類すべてが明るい未来を予感し、飛行機こそが人間社会の根源になると強く期待したのは男ばかりでなく、世の女性も同じであった。

したがって、女性に飛行機が近代文化の象徴的存在として必要欠くべからざるものと映ったのは、至極当然の成り行きであった。

なかんずく、前記のごとく、アメリカの若いヤンキー娘へのインパクトは大きかった。このハリエット・クインビーもその一人であった。

彼女はアメリカの女性パイロット第一号となり、早くから空への憧れは高かった。両親の父、ウイリアム、母、ユースラ・クックの三女として一八七五年、ミシガン州に生まれた（一八七四年生まれという説もある）。彼女は幼少時はごくおとなしい娘で、両親は「ハッティ＝Hattie」と呼んで可愛がった。一八八七年、一家がカリフォルニア州へ移ってからは性格が明るくなり、そのころは女優になりたいと考えていたというが、一九〇〇年ころになって彼女はサンフランシスコ新聞などのジャーナリストとして、新聞への寄稿を始めていたと言われる。

そして一九〇三年、再びニューヨークに戻り、ここでも週刊誌などの普通の女性記者として、映画、演劇、喜劇などの評論記事を書いていた。

彼女はやがて知人の紹介で、映画批評やその写真記者となってヨーロッパ、エジプト、それにメキシコなどへの旅行記事をも寄稿していたという。

そしてその数年間に、当時先端文化の一つと言われた映画のディレクター（監督）S・グリフィス氏と知り合いになり、彼らのために数編のシナリオをも書いていたのであった。

それによって彼女の生活は安定し、独立した生活をエンジョイして、一九一〇年ころまでは、生涯にわたりジャーナリストとして生計を立てるつもりでいたと言われる。

ところが一九一〇年、ニューヨーク、ベルモントパークでの国際飛行大会が開催され、彼女はその記事を書くつもりでその大会を見に行ったのである。

そして、そこで思いもかけず、当時の飛行機のオーソリティたちを目の辺りにして驚き、かねて憧れていた飛行機に一層興味を持ったのであった。

彼女はそこで早速、マティルド・モイサントと、彼女の弟、ジョンと友人になってしまったのである。

そのとき、弟ジョンは既に操縦訓練を受けていたが、彼女たちも一緒に飛行訓練を受けることにしたのである。

ところが、その後間もなく、弟ジョンは訓練中の飛行機事故で死亡してしまったのであった。そこで、当時まだ不安定であった飛行機に一瞬不安を感じたものの、彼女たち二人はその後も訓練を続けることにしたのであった。

ところが、飛行大会の記事を書くはずの彼女が飛行訓練を受けていることを知った新聞社は、彼女に、その飛行訓練の模様と操縦技術の進歩状況などをもあわせて新聞記事にすることをも指示したのであった。

そして、その訓練の甲斐あって、一九一一年八月一日、彼女は見事、飛行機パイロットのライセンスを取得できたのであった。

そこで、アメリカ飛行クラブから第三十七号の飛行免許証を受け取ったのである。

当時、これは女性ライセンス第一号であり、併せて国際飛行協会の国際飛行パイロットとしても通用するものであった。

このクインビーの国際飛行ライセンスは第二号で、第一号はフランスの女流飛行家、バロネス・ド・ラ・ロシェであった。

そしてクインビーと一緒に飛行訓練を受けていた友人のマチルド・モイサントはアメリカ女性として飛行ライセンス№2号であった。

かくして、晴れてアメリカ女性飛行ライセンス第一号となったハリエット・クインビーは、早速アメリカ、メキシコ各地への飛行に飛び出したが、そのとき着用した彼女の飛行服は皆、彼女自身がデザインしたものであった。

それはなかなかシャレた、さすがに女性らしさを感じさせるユニークなものであったという。

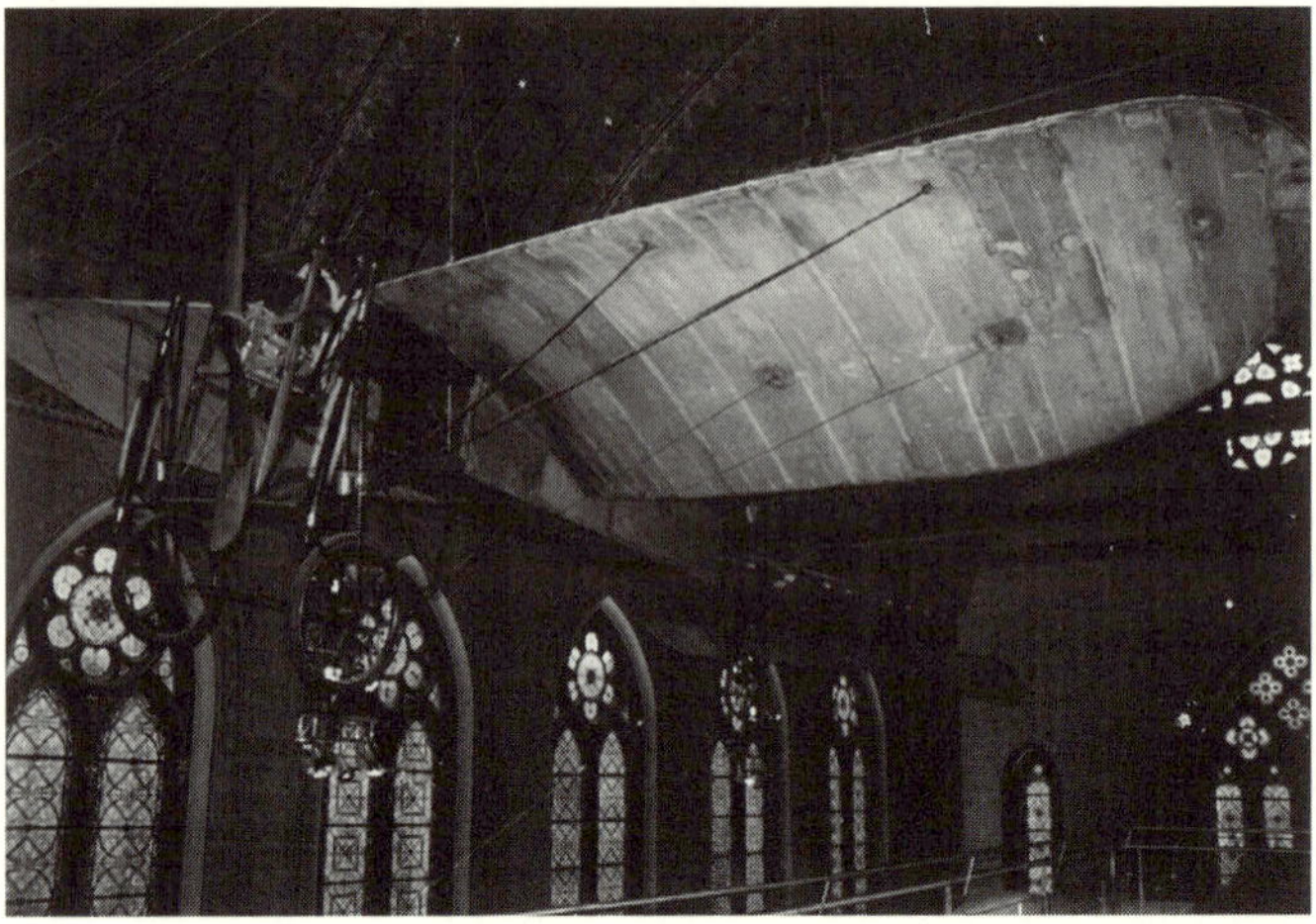

ブレリオXI型機、ドーバー海峡横断（ルイ・ブレリオ、ハリエット・クインビー）（パリ博物館）

当時はまだ数少なかった女性パイロットは、皆、男性パイロットと同じ、地味な飛行服であった。それに比べ、クインビー自身デザインの飛行服には女らしさの明るく華やかさが感じられた。服の表はサテン（繻子）生地で温かいウールの裏地が付けられており、それに頭から覆るフードを付けたものであった。

かくしてスタートした彼女の飛行機人生は、日々華やぐものであったと言ってもよかった。

彼女がパイロットとしての最大のイベントと位置付けていたのは、女性では未踏のドーバー海峡横断飛行であった。

ドーバー海峡（英仏海峡）横断飛行では、男性では一九〇九年、フランスの名パイロット、ルイ・ブレリオが初飛行に成功しており、彼女は早速フランス在住のブレリオを訪問、彼から三十馬力の一枚翼の軽飛行機を購入し、それでドーバー海峡横断を決心したのであった。

このクインビーが早々と飛行機購入を決心したのは、当時ドーバー海峡横断飛行には彼女のライバル、ミス・T・デイビスが秘かに計画し、クインビーより先行横断するという噂を耳にしたからであった。

さらに同じころ、イングランド人パイロットによる、アイルランド海峡を横断しダブリン—ロンドン間を飛ぶ計画も流されていた。

クインビーは少し慌てたかもしれない。

そこで彼女はついにドーバー海峡横断飛行を決断し、前述のごとく、飛行機は三年前（一九〇九年）のルイ・ブレリオの傑作機、ブレリオXI型機に決め、彼の話も聞き、飛行機入手のため一九一二年三月、彼女は一人パリへ渡ったのであった。

当時、ブレリオXI型機はその性能の秀逸さが知られ、各国から注文が殺到し、彼はすでに量産体制をとっていた。

その主なる仕様は翼面積約十二平方メートル、翼幅約七・二メートル、胴体長さ約八メートル、重量約二〇〇キログラムの単葉機で、エンジンはわずか三〇馬力の小型ながら性能がよく、プロペラは効率のよい木製二枚翼であった。

また、機体にはライト兄弟がその後改良したフライヤA型の技術が多分に導入されており、特に横方向の制御に有効な「撓《たわ》み翼」の技術を採用した点が最も優れていた。これで飛行機の大きな不安定要因はほぼ解消されていて、当時世界で最も進歩的と謳われた傑作機で、さすがにフランス航空技術の面目躍如たるものがあった。

そしてそのとき、彼女はパリでこの大先輩、ルイ・ブレリオからドーバー横断飛行で特に注意すべき点などのアドバイスを受けていたことは言うまでもなかった。

彼女はまた、自分のこのドーバー海峡初飛行に関するニュースをロンドンのデイリー・ミラー社にその報道権利を譲渡する契約を交わしていた。

そして、この飛行の必要経費として五〇〇〇ドルの借用をロンドンの実業家、レオ・スチーブン氏と取り決め、この飛行の万全を期したのであった。

このような大飛行の前の諸々の仕事をも、頭の良い彼女は皆一人でテキパキと処理していたのであった。

そして、ハリエットはこの新型機の飛行テストを何より先にやりたいと考えていたが、この時期のドーバー海峡は強い北風でなかなか思いにまかせずに日数が過ぎていた。

そこでその一日、彼女は近くにあるルイ・ブレリオの初飛行のモニュメントを見物に行き、そこで気付いたことは、ブレリオはカレーからドーバーへ飛んだが、よく考えるとドーバーの白い岸壁の方がカレーの海岸より位置が高いことであった。

そこで彼女は、ブレリオとは逆方向にドーバー側からカレーへ飛んだ方が飛行エネルギーが節約（楽）になるであろうと考えついたのであった。

それまでは彼女もブレリオと同じ方向で同じコースを飛ぶつもりでいた。

だがそこで、彼女はこの際ドーバーからの離陸を決心したのであった。

そして彼女は新型機の飛行テストができないまま日時が過ぎ、結局、ドーバーへ渡り、海岸から約三マイル離れたドーバー・ハイトと呼ばれる高台の滑走場から離陸することにし、機体、エンジンには異状のないことを確認していたのであった。

そして、彼女の飛行のインストラクターを勤めていたアンドレ・ホパートから飛行に関する最後の注意を受けるなど、すべては順調に初飛行に向けて進められていた。

彼女はこの白いドーバーの断崖を見るのは初めてで、その景色の美しさと、恐いように切り立った絶壁にはスリルを覚えていた。

そして、すぐ近くには有名なドーバー城があり、堂々とした中世の城塞は真直ぐ海の彼方のカレー方向を指向していた。

しかし、海峡の春は濃い霧が立つことも多く、彼女の初飛行にもコンパスに頼らざるをえないことも充分予想されていた。

そして、もし間違って飛行コースを五マイルも外れると、そこはもう厳寒の北海上空で、生命の保証は覚束ない状況になるという、この飛行の並大抵ではないギリギリの事態が待ち受けていることも、彼女は充分わかっていたのであった。

だが、彼女はこの飛行にも充分自信を持っていた。それより彼女にとって心配なことは、この時期に誰かライバルに先を越されないかという不安であった。

その好例は、三年前のルイ・ブレリオと彼のライバル、ユベール・ダラムの二人のフランス人パイロットの激しいドーバーの先陣争いで、それが常に彼女の頭にあったからであった。

彼女の場合は、前記のミス・T・デイビスのドーバー横断飛行計画と、その後に計画されたイングランド人、D・レスリー・アレンがアイルランド海峡を渡ってダブリンからロンドンへ飛ぶ計画が報ぜられていたからであった。しかし、結果的にはなぜか、アレン機は飛ばなかった。

そして、四月十四日は日曜日で、彼女は母親との約束でこの日は飛ばないことにしていた。しかもその日の夜中、世界最大客船イギリスのタイタニック号（四六三二九トン）の沈没事故で、乗客約一六〇〇人死亡の大惨事があり、世人の注目は皆そちらにあり、彼女も飛べなかった。

そして、翌十五日は終日、雨と強風で飛行できる状況ではなかった。

いよいよ、翌十六日（火曜日）彼女は早朝四時に起床。そして、これまでにテストができていなかった新型機、ブレリオXI型機のテストフライトを、この最後の土壇場のときになってようやく、友人で彼女のフライトインストラクターでもあったガストフ・ハンメルによるごく短時間のテストフライトを試みることができたのであった。結果は操縦に若干の問題点があったものの、彼の判断でフライトＯＫとなった。

そして、彼は彼女に早朝の霧のためコンパスは絶対必要で、その使用上の諸注意を再び与えてすべての飛行準備は完了した。彼は寒い早朝の空気を破るかように大声で「気を付けて行け」と叫んだ。その声に彼女は慎重に操縦桿を握ったのであった。

そのとき、彼女はもちろん、厳寒の北海上空のオープンコックピットでは、「死」をも覚悟しなければならないことも充分わかっていた。はたして彼女はその寒さに耐えられるのか。この日の彼女の服装は、ウールの裏地を付けたシュスの飛行服、ウールの手袋、ウール地のレインコート、それにアザラシの毛皮の襟巻きで、寒さに充分耐えられる用意はしていた。そして出発間際になって、よく気の付く友人が熱いお湯の入ったボトルを彼女の腰のあたりに結び付けた。飛行中の彼女の体温をキープするためであった。

彼女は元気よく機上の人となり、しっかりとシートベルトを締めた。一九一二年四月十六日、午前五時三十五分、彼女は初のドーバー海峡横断飛行に飛び出して行ったのであった。

しかし、春先の海峡はいつも霧が出ることが常識で、案の定、彼女にとってはこれまでに経験したことのない困難が待っていたのである。

まず、出発してすぐ、彼女のゴーグルはこの濃霧で曇って、前が何も見えなくなってしまった

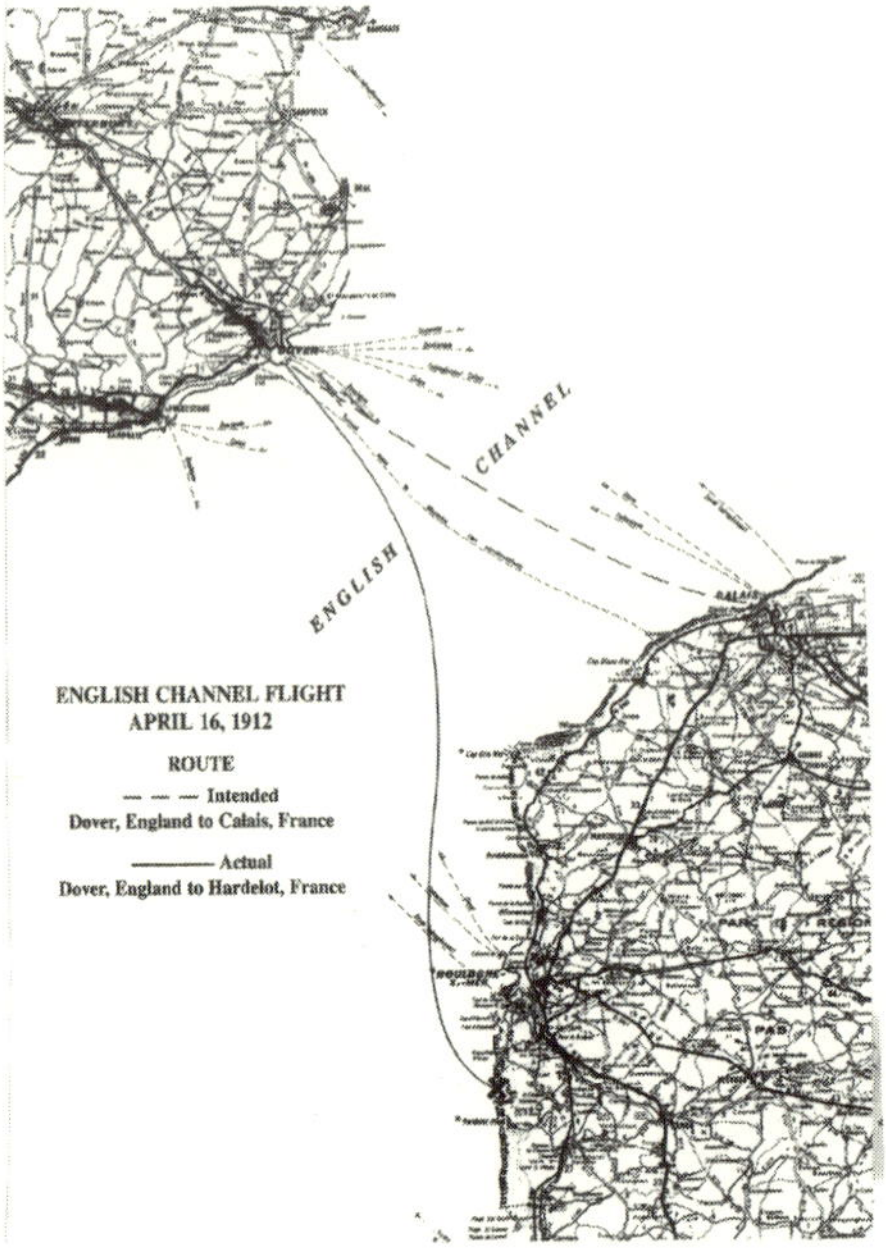

ハリエット・クインビーのドーバー海峡横断飛行コース。
点線：計画ルート、実線：飛行ルート

のである。やむなく彼女はゴーグルを額の上まで押し上げ、以後、目視で飛行を続けるしかなかったのであった。高度約二〇〇〇フィート（約六〇〇メートル）で、時速約六〇マイル（約九六キロメートル＝日本の電車なみ）の飛行機としては信じられないような遅いスピードで飛んだのであったが、しかし、それでも霧に遮られて海面すらよく見えず、目指すカレーは視野の届くところにはなかった。

そこで彼女は思い切って高度を一〇〇〇フィート（約三〇〇メートル）まで下げたが、それでもよく見えず、ついに彼女は海面スレスレに近い五〇〇フィート（約一五〇メートル）まで下げて飛ぶしかなかったのであった。

三年前（一九〇九年）のルイ・ブレリオのときはフランス海軍のサポートがあり、駆逐艦の伴走支援で彼が飛行方向を間違えることはなかった。

だが、このハリエット・クインビーの場合は折柄のタイタニック号の大惨事の煽りで、イギリス、フランスそしてアメリカからも何の支援活動もなく、世界中の人々は皆、大惨事に注目していたからであった。

彼女は全くの単独飛行で、この難関をクリアしなければならなかったのである。

ドーバー海峡横断飛行直後のハリエット・クインビー
（1912 年 4 月 16 日）

そして、しばらく飛んだところで風が強くなり、しかもそれがときどき突風になり、機体が大きく揺れだし、彼女は何とか速く着陸できないものかと下を見た。ところが、幸運にもそこは既に陸地に入っていて、畑が見えてきた。

だが、彼女は一瞬、そこを避け、海岸の砂浜を見付け、そこを目標に慎重な操縦桿捌きで、やっとのことで着地に成功したのであった。そしてすぐ、彼女はコックピットから機外へ飛び出し、砂浜に降り立った。

しかし、そこはひどく寒く、彼女はガタガタ震えながらも、いったいここがどこなのか、イギリスか、フランスか、彼女には皆目見当が付かなかったのであった。

ところが、やがて大勢の人々が海辺の方向で飛行機の爆音を聞きつけ、皆砂浜へ走って来て、彼女の周りに集まって来たのであった。その人々の言葉は皆、フランス語であった。

その話し言葉からここがフランスであることが分かり、彼女は今やっと、自分がドーバーを横断してフランスにいることが実感できたのであった。「ヤッタ」という感じだろうか。彼女は自らの初志が今、貫徹できたことに、一瞬大きな喜びが込み上げ、胸に迫るものを禁じえなかったのに違いない。

このドーバー横断飛行は、彼女にとってはわずか二十五マイルの短い飛行にすぎなかったが、その長い準備期間も含め、それは実に長く感じられた苦心の初飛行であった。

しかもその結果は、はじめ予定していたカレーとはさほど大きく外れることもなく、もちろん当初危惧した大きなコースの外れで北海上空に達することもなく、彼女自身、自らの操縦技術の確かさに、それは女性飛行家として、華やかな未来を予感するのに充分であった。

そして何より、現実にここ、フランス領カレーの南西数マイルのハードロッドの海岸に着陸していることで、自分が間違いなくドーバー横断飛行女性第一号パイロットであることを実感し、この上ない大きな誇りと強い自信を噛み締めていたに違いないのであった。

また、彼女にとって、これほど「神の加護」を信じたこともなく、思わず胸に懸けていた「幸運を招く」ペンダントを握りしめ、感謝の祈りを捧げたことは言うまでもなかった。

そして、大勢の彼女の周りに寄って来た人々も、「この人がたった今、ドーバーを飛んで来た人」とわかり、しかも「女性」であったことに大きな驚きを感じ、「世界で初めてのこと」として大騒ぎになり、大声で彼女に祝福の言葉を投げかけていたのであった。そして、またこの地元のフランス人たちは、この女性がたった今、この海岸に「ドーバー海峡初横断飛行」の大きな歴史を残してくれたことに、改めて大きな嬉びと誇りさえ覚えていたことも言うまでもなかった。

そしてまた、彼女にとっては、この飛行が数々の飛行の中で初めてジャイロコンパスを使った記念すべき飛行にもなり、以後、彼女が各地の飛行にコンパス使用を忘れることはなかったという。

この日の彼女の飛行は、ルイ・ブレリオの三十二分間より少々遅い約四十分間であったが、もちろんこの記録は初の女性フライトとしては申し分のない立派なものであることは、その後の飛行データからも明らかで、彼女の飛行機人生のよろこび、これに過ぎるものはなかったのであった。

そして、親切なこの地のフランスの人たちは、この早朝の寒い海辺に立つ若い女性飛行家の姿を見て、すぐ温かいパンとチーズ、それに熱い紅茶を運び、彼女の疲れと緊張をほぐした。その人々の心温まるもてなしは、冷え切った彼女の身体にはまさに「地獄から仏」のようなありがたいプレゼントであったに違いない。彼女はようやくにして生気を取り戻し、大勢の人々に笑顔を見せながら感激の会話を交わし、このフランスの人々の善意に改めて深い感謝を覚えたのであった。

また、出発時に彼女の腰に結び付けてくれた体温キープのための熱いお湯のボトルが冷たい水になっていたのは言うまでもない。

そして、彼女はこのときの紅茶のカップについて後日、友人宛の手紙に「私の生涯の宝物」と書き残していた。

また、その日の多くの人々の中に混じってはるばるシカゴからの友人三人が彼女の激励に来ていて、彼女と感激的な喜びの言葉を交わすことができたのも彼女にとってラッキーであった。もちろん、多くのメディアの記者もこの世界初の女性パイロットのドーバー海峡横断飛行のニュースを全世界に伝えていたことは言うまでもなかった。彼女の周りは大勢の人だかりになり、彼女は一時、身動きできないほど人数に膨れあがっていた。

この栄光のブレリオXI型機はとりあえず地元に残し、彼女はその後、車でカレーへ移動し、そこから列車でパリへ向かった。

パリ北駅には午後七時すぎに到着。彼女はようやく、この日、早朝四時から実に十五時間の長くて緊張の記念すべき一日を終えたのであった。だが、パリでの彼女の記念行事は何もなく、アメリカへは五月十二日、凱旋帰国できた。しかし、母国アメリカでも、四月十四日夜のタイタニック号の大惨事と、当時女性の参政権論者の中にはアメリカでも「女性は家庭へ」という旧態の女性観を持つ人も多く、ハリエット・クイビーの輝かしい航空業績にも否定的な意見を広言する者もいて、結局、彼女の「帰国パレード」すら開かれなかったのであった。

これは、その十数年後のリンドバーグやアメリア・イアハートの大西洋横断飛行などに較べ雲泥の差であった。やはり彼女は不運と言うほかなかったのであった。

だが、彼女のドーバー海峡横断飛行一番乗りの名誉の名は、永遠に消えることはもちろんなかった。彼女はアメリカ帰国後もオフィスで自分のビジネスをこなし、また各地の訪問飛行やその飛行経験を語る講演会に招かれ、大いに航空思想の普及に尽力していた。そして、中には一回に一〇〇〇ドルの講演報酬もあって、日々の生活には何不自由なかったと言われる。

しかし、彼女の人生はやはり「飛ぶ」ことにこそ、その本質が見出されることには、何ら変わ

ハリエット・クインビー最後のフライト　ボストン飛行大会（1912年6月1日）

るところはなかったのであった。

9❖ボストンの空に消えた星

――わずか十一ヶ月の女性飛行家第一号の生涯

このように、ハリエット・クインビーのドーバー海峡初横断飛行に対して、母国アメリカでも歓迎行事は何ひとつ行われなかった。だが彼女自身は自らの目標が達成でき、それによる充実感が充分味わえたことは間違いなかった。

しかし、人間の運命ほど苛酷なものはない。

彼女の栄光の飛行機人生はわずかその三ヶ月後に終わることになろうとは神ならぬ身には知る由もなかった。

それは、一九一二年七月一日に開催された飛行大会のときであった。

彼女はその第三回ボストン飛行大会に出場するためフランスからすでに帰国していた。

そして、飛行大会当日、早朝から彼女はこの飛行大会の組織委員長、ウイリアム・ウイラード氏を「単なるお客さま」として乗せ、ハーバード広場からボストン灯台をUターンするショートコースを飛んでいた。ところが高度約一五〇〇フィート飛行中、人々の話では突如、その二人乗りの軽飛行機が傾き始め、いきなりお客のウイリアム・ウイラード氏が機体から放り出され、地上に落ちてしまったのである。そして、クインビーも同じように機体から飛び出したような恰好で空中に放り出されたまま地面に叩き付けられ、二人ともあえなく死亡するという大事故になったのである。

それは全く一瞬の出来事のようで、飛行機を見ていた人たちは只ただ呆気にとられ、まさに茫然自失の態で、大騒ぎになったという。

飛んでいた飛行機はパイロットをなくしたまま滑空しながら地面に落ち大破した。

このとき、ハリエット・クインビー、三十七歳。

まさに女盛りの真最中のことであった。

彼女にとっては、これからが本当に輝く飛行機人生が迎えられ

切手になったハリエット・クインビー

るという矢先のことで、何とも不運なできごとであった。

しかも、それは彼女がアメリカ女性飛行ライセンス第一号を取得してわずか十一ヶ月後のことで、彼女の悲運、言う言葉を知らず、多くの人々の悲嘆の涙を誘ったのであった。

そして、それは全米女性はもとより、全世界の女性ファンにも大きな悲しみを与えたことは言うまでもなかった。

また、アメリカ航空界にとっても誠に惜しまれる女性パイオニアを失う結果になり、以後、若い人たちのお手本的存在だっただけに、その損失は計り知れず、誠に痛恨の極みと言うほかなかったのであった。

一体、このアクシデントの原因は何だったのか。これについては、その後の事故専門家の調査を含め、巷間さまざまな噂、憶測の流れる中、その主なるものを要約すると次のごとくになる。
（1）飛行中、低高度の時、機体の一部が送電線のケーブルに引掛かって故障ができた。
（2）お客様で乗っていたウイリアム・ウイラード氏が急に身体を動かし体重が片寄って機体のバランスを崩した。
（3）二人ともシートベルトを締めていなかった。
このうち、（3）項については、二人とも機体から放り出された恰好で地上に落下した様子から、充分考えられることであった。

いずれにせよ、この明るい未来が大いに期待された有能なヤンキー女性パイロットの痛ましい死が人々に大きなショックを与えたことは言うまでもない。しかも、わずか十一ヶ月の短い飛行機人生は「空のヒロイン」としてのその後の活躍が期待されていただけに、そのあまりにも早すぎた悲しい結末には、世の聴く人皆、涙したのであった。

いま、彼女の墓はニューヨークのカニスコ墓苑にあり、この流星の輝きにも似た短い彼女のパイロット人生を慕って訪れる人影は後を絶たない。そして、彼女は人々に自らの花火のように、一瞬、華やいだ栄光の飛行機人生を静かに語り掛けている。墓は立派な石造りで、正面中央には次の追悼文が刻まれている。

ハリエット・クインビー
最初の飛行ライセンスを取得したアメリカ女性。一九一二年四月十六日、一人で単葉飛行機で英国海峡を

ハリエット・クインビーの墓（ニューヨーク、カニスコ墓苑）

横断した世界最初の女性。一九一二年七月一日、ボストンで彼女の友人乗客と一緒に墜死した英雄的生涯の女性。彼女はレスリー・ウィークリー社のドラマチックな優れた記者であった。優しい魂よ、お休みなさい。

そして、また彼女の墜死が奇しくも、アメリカ女性の航空事故死第一号でもあった。このハリエット・クインビーの痛ましい墜落死の悲しみに、人々は胸を痛めながらも、アメリカではその後も女性パイロットの誕生は続いていた。

その中にあって、後日、女性初の大西洋単独無着陸横断飛行はじめ、赤道まわりの世界一周飛行、アメリカ大陸横断飛行など、数々の目覚ましい飛行記録を残し、アメリカのみならず、全世界の女性飛行家の象徴的存在となったのは、やはり、アメリア・イアハートであろう。

彼女はこのハリエット・クインビーより十数年後にパイロットとしてデヴューした不世出の大女性飛行家であった。

10❖異国に残る二つのモニュメント
——女性飛行家の聖地バリポート

このアメリア・イアハートは生涯に二度、大西洋を横断飛行している。

それは一九二八年六月十七日の同乗飛行と一九三二年五月二十日の単独横断飛行で、この単独飛行の成功はもちろんであるが、四年前の「フレンドシップ号」による同乗飛行の成功の際にも、まだ長距離用の飛行機の少なかった当時としては実に立派な記録で、当時、アメリカ、イギリスはもとより、全世界にセンセーションを巻き起こした。その勇気と女性ながら強い忍耐力が賞賛され、万雷の喝采を浴び、華やぐ未来が期待される女性として万丈の気を吐いたのであった。

いま、その異国女性の偉業を讃え、着水地、英国ウェールズ海岸のバリポートの町には地元の人々の善意の基金で建立された立派なモニュメントが、町の山手とヨットハーバーの岸壁上と二基あり、女性飛行家の聖地として、今も多くの人々の追慕の訪問が続いている。

このアメリア・イアハートの生涯に亘る全飛行距離、つまり、彼女がアメリカ国内、メキシコ、カナダ、南米、ハワイ、それに最後の世界一周飛行の途中までのすべての飛行距離は恐らく十万

フレンドシップ号（フォッカーＦⅦb－Ⅲm型）（1928年）

キロメートルは優に超すであろうが、その中で、世に注目された大飛行の発着点には、それを記念したモニュメントが建立されている。

例えば、彼女が愛機ヴェガ機でハワイからカリフォルニア州のオークランドまでの東太平洋横断飛行を記念したハワイ島のダイヤモンドヘッドの碑や、彼女の最後の飛行となった赤道まわり世界一周飛行の出発地、フロリダ州のマイアミ空港などには、それぞれ立派なモニュメントが建てられて、人々によく知られている。しかし、彼女が女性ながら初めて「フレンドシップ号」で大西洋無着陸横断飛行に成功したことを記念した、このバリポートのモニュメントほど訪れる人々にインパクトを与えているものはなく、バリポートには今もって女性パイロットの聖地として、多くの若い女性達の訪問が絶えることはない。彼女の大西洋横断飛行が若い後輩パイロットに与えた意義がいかに大きいものであったかが、窺えるのである。

バリポート着水直後のフレンドシップ号（1928 年 6 月）

そして、バリポートには、往時の彼女たちの初飛行到着の模様を今なお記憶している古老や、子供のとき親たちから聞かされたアメリアの勇気に痛く感激し、彼女に関する各種の資料を集めて彼女の業績の偉大さをこの地の誇りとして訪れる人々に説明している人も、幾人かいるという。

筆者はその人たちの古い実話もぜひ聞きたいと思い、先年フランスでの国際学会の帰途、ロンドンに立ち寄り、バリポートの彼女の飛行遺跡と二つのモニュメントを訪れることができた。

それは二〇〇三年九月末、フランス中部のツールズでの国際材料科学会終了後のことで、H自動車会社のイギリス工場訪問の翌日、同社のご厚意で用意してくれた車で、丸一日掛りでバリポートを訪問することができた。

地図を拡げて見ると、バリポートはイギリス南西部、ウェールズ州の海辺の小さな田舎町という感じで、うま

ウェールス地方の領主の館（現在：スタントンホテル）

く訪問できるか少々気になっていた。

だが、早朝ホテルを出発して車は快調にイギリス南西部を走った。

ウェールズ地方の田園風景は美しい。この国特有のなだらかに低い丘稜の続くM4モーターウエイを、折柄の黄葉を見ながら、あたかも黄色のトンネルを抜けるような趣で快調に走り、イングランドの秋を満喫することができた。

イギリスの田園地帯にはときどき、はっとするような古風な中世の趣を残す石積みとコンクリートで作られた立派な館が見える。この地域の古いロード（領主）の住居で、現在も持ち主が住んでいる館もあるというが、多くは館の維持費の問題で売却しているか、レンタルホテルにしているという。

それは前日宿泊した立派なスタントンホテルも

同じで、ロードの館であったと言われる。それを現在は日本のH自動車会社が買収して、日本からの出張社員や一般人の宿泊用ホテルとして営業しているのであった。したがって、支配人のS氏はもちろん、H自動車会社の社員で、たいへん丁重なもてなしを受けた。

前日夕方近くにこのホテルに入った途端、ぶ厚い羊毛の絨毯が敷いてあり、太い柱は黒光りのする樅《もみ》の木、壁は白い漆喰《しっくい》塗りで、実に趣きのある部屋であった。そして暖かく、何より豪華な雰囲気が漂い、疲れた身体にはこよなくありがたかった。

翌日は、早朝ホテルを出発し、一路M4を南下し、やがてスインドン、ブリストルを通過して、ほどなく、かつてサッチャー元イギリス首相のお声掛けで完成したという大きな吊り橋、新第二セバーン橋を渡り、そこから海岸沿いに走り、出発して約一時間あまりで、スワンジーを通過することができた。

そこからは、海沿いに少々細い国道を北上、ようやくにして目指すバリポートの町に到着することができた。ここは日本式にいえば半農半漁の小さな港町で、ヨットハーバーがあり、夏は賑わうという。また冬は南向きでよく陽が当たり暖かく、古くからの保養地でもあるという。道理で田舎町にしては古い家に混じって少々シャレた瀟洒《しょうしゃ》な別荘風の建物も点在していた。

列車は海岸沿いに道路と平行して走っているが、単線で列車本数は朝夕中心にわずか十数本しか通らない（トーマスクックのイギリス時刻表参照）。したがって、駅舎はもちろん、小さな田

アメリア・イアハート　バリポートの碑
（ウェールス、バリポート）

舎風駅舎であった。

そしてこのバリポートの町は、この線路を挟んで山手とハーバー側に分かれて区分されているようで、ハーバー側はラッネリ自治区になって、新しい方のモニュメントの建立はこのラッネリ自治区の人々の寄付金によるものであった。

それでもこの大西洋に面したバリポートの町は前述のように夏はけっこう海水浴、ヨット遊びなどで賑わい、英国の保養地の一つだという。肝心のアメリア・イアハートのモニュメントのうち初めに建立された方は、駅の前の道をしばらく北へ進んで右に曲がり、ゆるい坂道を昇り切った左側で、ひっそりと秋の日を浴びていた。駅前から七、八分くらいのところであった。

碑は全高二メートル弱の立派な黒御影石でできており、大きな四角の台座の上に四角鐘状の主塔が載り、その頂上に銅製の矢切りが取り付けられていた。いかにも飛行機のパイロットにふさわしい趣きが漂い、全体としてはスマートで、清楚な彼女にぴったりの素晴らしいものであった。

このモニュメントの除幕式はジョン・アルコックとともに初の大西洋無着陸横断飛行に成功したサー・アーサー・ホイッテンブラウンの手によって行なわれ、その台座の正面には彼の撰文による次の二文が刻まれている。

台座上部の碑文

「友人のウルマー・スタルツとルイス・ゴードンと一緒に水上飛行機、フレンドシップ号でニューファンドランドのトレパシー湾を出発し、二十時間四十九分の飛行の後、一九二八年六月十八日、バリポートに着水し、女性として初めて飛行機で大西洋を横断したアメリカ、ボストンのアメリア・イアハート嬢を讃えてこの碑を建てる」

この碑文の下にある碑文

「一九一九年六月十五日、故ジョン・アルコックと一緒に飛行機で大西洋を横断したアーサー・ホイッテンブラウンによって

一九三〇年八月八日　　除幕」

フレンドシップ号 大西洋無着陸横断記念碑
（バリポート ヨットハーバー）

そして、いま一つ新しいモニュメントは、坂道を下りて、ここから歩いても七、八分くらいのヨットハーバーの堤防上にあった。

これは前述のごとく、その後、この地域、ラッネリ自治会の評議会によって建てられたもので、費用は二基ともこの地域の人々の善意によるものと言われる。また、この新しい方は殊更、着水地に近いところを選び、より一層、彼女の偉業をわかりやすく、後の世の人々に伝えるために考えたものである。特に、夏の海のシーズンにやって来る若者達の目に止まりやすいところに決めたという。高さ約一・五メートル、幅約一メートル、奥行き約一メートルの長方形。上部に英語とウェールズ語の二文があり、碑の下部には「フレンドシップ号」の形を彫刻してあり、古い方とは趣の違った仲々面白いデザインで、この地域の人々がいかにアメリアを誇りにしているかが窺えるのである。

この新しいモニュメントを案内してくれたのは、この地区の若いレストラン兼ペンション「ジョージ」の経営者L・ジョージさんで、彼は子供のとき、両親から聞いたこのアメリカ生まれの女性パイロット、アメリア・イアハートが、女性ながら初めて大西洋を飛行機で横断して来たこと、そして彼女は平素から人のやりたがらない困難なことを苦難に耐えながら成し遂げる大変勇敢で忍耐深い性格の持ち主であることなどに痛く感激し、彼女の偉業を世界の人々に伝えることを自分の仕事と考えたのである。そして、彼女に関する新聞、雑誌記事、写真、絵画などあらゆる資料を収集し、ここを訪れる人々にアメリアの飛行の模様などを説明しているのだという。そして、写真は拡大してレストランの壁、柱などに展示し、テーブル上のメニューには「フレンドシップ号」の手画きの絵を画き入れるなど大変な熱の入れようで、ここはまるでアメリア・イアハートの記念館のようなレストランであった。

筆者が彼の案内でこのレストランを訪れたとき、たまたま当時の模様を記憶しているという土地の古老と同席することができた。

そして、ジョージさんを交じえて、当時この土地にまさに天から降って沸いたようなアメリアたちの「フレンドシップ号」の到着にこのバリポートが大騒ぎになり、イギリス各地からひと目飛行機とアメリアたちを見ようと訪れた大勢の人々の興奮ぶりを、身ぶり、手振りでうれしそうに当時の懐古談を聞かせてくれた。もう八十年近い昔のことながら、当時を鮮明に記憶している人がまだ幾人か存命しているという話であった。

そして、このミニアメリア記念館ともいうべき「ジョージ」の主人公L・ジョージさんは帰り際、彼が苦労して収集した「フレンドシップ号」着水直後の写真や、アメリア・イアハートの飛行服姿のポートレートなど貴重な資料を譲ってくれた。

彼は私が遠く日本からわざわざこの偉大な女性飛行家に思いを馳せバリポートを訪問したこと

に痛く感激していたようで、「チャンスがあればもう一度ゆっくり訪問してほしい」と言葉をかけてくれた。

いずれにせよ、彼をはじめ、人口わずか一万人そこそこのイングランドの小さな港町、バリポートの人々は、この不世出の女性飛行家の偉業を記念して、二つもメモリアル・モニュメントを建立しているのである。いかにこの地の人々がアメリア達の大西洋横断飛行を大切に思っているか。これまでほとんど無名に近かった自分たちの町の名が世界的に知られ、その存在が「女性飛行家の聖地」として一躍輝きだしたこと。そして、今や英国の名所の一つとして世界中から大勢の訪問客を迎えるようになった事実を、バリポートの町の名誉と受け止めているのである。町の人々は永遠に彼女を誇りに感じていることが充分窺えたバリポートの一日であった。

これほどまでに今なお多くの人々に慕われ敬愛されているアメリア・イアハートの人柄、飛行機人生は、まさに素晴らしいの一語に尽きるのであった。このアメリア・イアハートは前述のごとく一八九八年、ボストンの裕福な家庭に生まれ、幼児期から動植物や理科に興味を持ち、昆虫や鳥類の空中飛翔には格別の関心を抱いていたと言われる。

飛行機の操縦も自由に両親の許可のもとで早くから始めることができた、幸運な星のもとに生まれた少女であった。

しかし、平素はキリスト教系の社会事業に参加し、そこで働く心優しい女性でもあった。そして結婚後は出版業を営む夫、ジョージ・パルマー・パトナム氏によく心を配り、仲むつまじい円満な生活を営む、良き家庭夫人でもあった。

そして、彼女が女性ながら飛行家としての立派な業績の一つである一九二八年の同乗飛行ではあったが、大西洋無着陸横断飛行成功のいきさつは、彼女が知人からの紹介を受け入れたからであった。

つまり、彼女が知人から紹介された、当時すでにパイロットとして充分な飛行実績をもつウィルマー・スタルツたちの熱心な勧誘に動かされたのであった。

彼女も日々の飛行練習で、小型機ながらすでに百時間近い飛行経験があり、彼女自身、常に飛行家として、更なる向上を目指す気持ちは充分持っていた。

そこへ、ウィルマー達の言う「少しばかり危険もあるが乗ってみないか」という飛行家仲間としての熱心な誘いに彼女も応じたというのが、大西洋横断飛行に参加した経緯であった。

そこで、彼女は初めての大飛行に、ウィルマーたちの言葉を信じ、自らの勇気を鼓舞し、「フレンドシップ号」の「お客さま」になることを承諾したのであった。

しかし、「お客さま」と言ってもひとたび飛行機に乗ってしまえば、飛行中はパイロットたちとはもちろん一心同体となり、一つ間違えば万事休することは当然のことで、彼女も「不安」と「初飛行の面白さ」の交錯する何とも落ち着かない気持ちであったに違いなく、彼女の日々の生

大西洋横断飛行直後の
アメリア・イアハート

活にも戸惑いを感じることがままあった。女性として、この初同乗飛行に親たち肉親等をはじめ、知り合いの人たちが不安とそれを危惧する気持ちはアメリアにもよくわかっていたはずであった。

それでも生来の「初もの喰い」の彼女特有の好奇心の高まりは抑え難かったのであろう。ついに彼女は意を決して、一九二八年六月十七日の出発に向け、ウィルマー・スタルツたちと合流し、持ち物、飛行中のできごとなどについての最後の打ち合わせを行なって、当日の飛行に万全を期したのであった。

そして、出発。

11❖永遠の空の恋人

――アメリア・イアハートの偉業

このアメリアを乗せた大西洋無着陸横断飛行の「フレンドシップ」号は、一九二八年六月十七日早朝、アメリカ東海岸、ニューファンドランド島のテレパシー海岸から重い燃料を搭載し、万全の準備で出発したのである。「フレンドシップ」号は三百馬力エンジン三基のフォッカーF Ⅶ型機に双フロート付きの水上機で、離水は順調であったが、途中は北大西洋特有の悪天候に悩まされながらの長時間飛行であった。しかし、アメリアたち乗員の必死の操縦桿捌きで、苦難の末、ウェールズ海岸のバリポートに着水することができた。彼らの全飛行時間二十時間四十九分は、途中の雨、霧の悪天候に翻弄されながらの飛行にしては立派な記録であった。また、彼女の飛行中の男性並みの忍耐力は誠に見上げたもので、今もって多くの人々の語り草になっている。この大西洋横断飛行は、かのチャールス・リンドバーグのニューヨーク―パリ間の大飛行の翌年のことであったが、当時、彼らがロンドン始め各地で盛大な歓迎を受けたことは言うまでもない。特に、女性ながら初めて大西洋横断飛行に成功したアメリア・イアハートのモテモテぶりは大変な

アヴロ・アビアン機（85馬力 サイラスエンジン付）（1927年）

もので、子供から大人に至るまで、日夜サイン攻めで、どこでも大賑わいで、彼女は素晴しい飛行機人生のスタートを切ることができたのであった。また、飛行家としても彼女の名声は全世界に拡がり、一躍有名人の仲間入りをも果たし、パイロットとしてのステータスをも確立したのである。そして某日、知人から当時イギリスきっての女流飛行家、メリー・ヒース夫人を紹介されたのは幸運であった。彼女はこの高名な先輩パイロットから、初めて聞く数々の有益な飛行体験談に目を輝かせながら、感激に溢れた面持ちでこれからの自らの飛行機人生に一層華やぐ未来を予感し、篤い感激の笑顔を崩さなかったのであった。一方、先輩のメリー・ヒース夫人もこの若くて気鋭の異国のパイロットに、いずれは彼女が世界の女性パイロットのリーダーになりうる才能のあることを見抜き、彼女はアメリアにこれまで自分の愛機として数々の飛行記録を残した名機、アヴロ・アビアン機を譲ることを約束したのである。この飛行機は全金属製の複葉複座でわずか一一五馬力ながら、時速約一六〇キロメートルの軽飛機であったが、これまでに、イギリス本土からアフリカ、オーストラリア、インド、中国などへの長距離飛行を実現し、当時、英国きっての名機に数えられた一機であった（フランスのアヴロ社製の飛行機の意）。

アメリアはこの先輩女性パイロットの好意に感謝し、彼女の篤い女の友情を生涯の喜びとしたことは言うまでもなかった。

そしてまた、この一事が、後日アメリアに大西洋単独横断飛行をはじめ、赤道まわりの世界一周飛行などに次々と挑戦を決意させた重大要因になったことは充分頷けることであった。

彼女は大きな希望と喜びを抱いてアメリカに帰還し、その後、一層の飛行技術の研鑽に励んだのは言うまでもなかった。

しかし、この「フレンドシップ号」による大西洋横断飛行は、彼女にとってはいま一つ不満が残っていたのである。

それは、世間では早くも「アメリアは大西洋横断飛行をしたと言っても彼女は単なるお客様にすぎないのではないか」という陰口が聞かれるようになり、聡明な彼女にとっては耐え難い屈辱に感じ、いつの日にかこの無念の思いを晴らす決意をするに至ったのであった。そして、それはその四年後に訪れ、彼女は四年間の鬱憤を一気に晴らすため準備を進めたのであった。

だが、この大西洋単独無着陸横断飛行の決行については彼女はもちろん慎重であった。

それは、四年前、すでに厳しい気象条件下での飛行体験をしているとはいえ、当時はまだ男性ですら簡単にいつでも誰でもできるという飛行条件ではなかったのである。

その困難性はとても尋常ではなく、成功の可能性は限りなくゼロに近いものがあったと言っても過言ではなかった。

大西洋横断飛行可能の長距離機の開発が世界的に遅れていた当時（一九三二年ころ）においては、それは至難の業と言えるものであり、ましてやフライトナビゲーター（航空士）も付けず、女性パイロット一人だけの飛行ともなれば、それはもう「無理だろう」と言われても仕方のないことであった。

それは、今から約八十年ぐらい前の、日本では昭和七年ころの話である。

筆者も小学三年生のころ、当時日本ではまだ飛行機を見る機会は珍しい時代で、たまに大阪城東飛行場あたりから九州太刀洗方面へ向かうのだろうか、大抵三機編隊の軍用機が高度約五、六百メートルの上空を飛行しているのを、大きな爆音に家から飛び出して眺めたものであった。

そして、ときには飛行途中にエンジン故障でよく近くの川原に不時着して、それもしばしばのぞきに行ったのであった。

当時の日本の飛行機の性能は到底欧米の比ではなく、まだまだ幼稚な、ひ弱い木製布張りのものが多く、とても長距離飛行ができるものではなく、小型飛行機であった。

だが、彼女にとっては、今度の自分の大西洋横断飛行は意地でも果たさねばと固く心に決めて、自らをギリギリの状況に追い込んでの挑戦であった。

そして、この重大な意義を持つ飛行成功の陰には、すでに彼女が自分の結婚相手と決めていたと言われるアメリカで指折りの出版会社を経営するジョージ・パルマー・パトナム氏の献身的なサポートが与《あずか》って大きかったことを見過ごすわけにはいかないのである。

彼はもちろん、アメリアの生い立ち、人柄、性格、それに趣味、習慣に至るまでよく理解した、文字通り彼女の最高のパートナーであった。

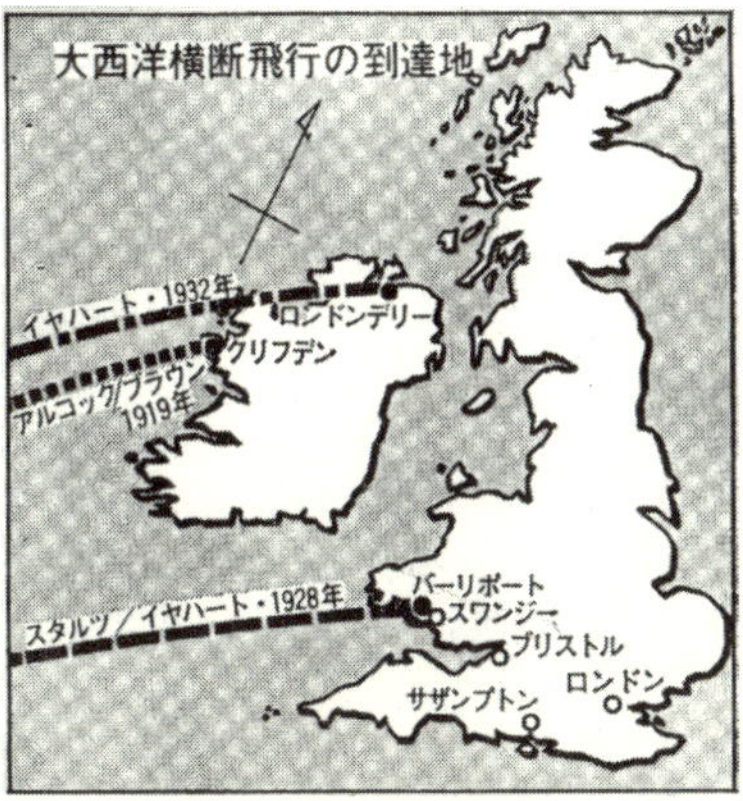

アメリア・イアハートの大西洋横断飛行（2度）と
アルコック／ブラウンの飛行コース

それは家庭生活はもとより、彼女の飛行家としての振る舞いについてもよく気を遣っていたのであった。

そして、何事にも慎重な経営者感覚を働かせて彼女を見守っていたと言われる。

だが、その妻の意地に燃えた大飛行決行への不安な思いは、夫として到底耐えられないほどの心痛で、それは並大抵ではなかったはずであった。

彼は、当時の世界中の海洋飛行が可能な長距離機の現状など、あらゆることを詳細に調査し、彼女の

ロッキード・ヴェガ機（420馬力 ワスプエンジン付、時速275km）

有効な飛行手段を模索し続けたと言われる。

二人は、その年（一九三二年）結婚しており、当然ながらその夫婦仲は他人も羨むほどのおしどり夫婦であったことは言うまでもなかった。

したがって、彼女がこの大西洋単独横断飛行成功の後も二度にわたるロサンゼルス―ニューアーク間（約三九三五キロメートル）のアメリカ大陸横断飛行の際の新記録樹立など、数々の飛行イベントへの対応についても、常に彼が良きアドバイザーの役を果たしていたことは至極当然のことであった。

その上、彼はこのような諸々の飛行企画をチェックするだけでなく、普通の家庭では到底手の出ないような高価な用品や肝心の彼女の新鋭機の調達資金等についても、財力のあった彼が用意したことは言うまでもなかった。

彼女は恵まれた家庭生活を享受することができたシンデレラのような存在にさえ見えたのであった。

大西洋無着陸横断直後のアメリア・イアハート（ロンドンデリーの畑地着陸）

そして彼女もまた、そんな彼の愛情あふれる振る舞いに対し、常に良き家庭夫人として、飛行スケジュールの許す限り、良き妻として彼に充分尽くしたことは言うまでもなかった。

そして、彼女が大飛行の前、しばしば口にしていた「これが最後の飛行」という言葉も、実は彼女が飛行の度に最愛の人に与えた日常生活の不便のみならず、何よりもその間の不安な思い、彼にとっては無用とも言える精神的苦痛をこれ以上負わせたくないという妻としての「お詫び」の意味も込められていたのであろうと想像するのは許されることであろう。

このアメリア・イアハートの飛行家としての妻の心情を最も強く表現していたのは、後日の彼女自身が自らの飛行人生の幕引き飛行と位置付けていた「赤道まわりの世界一周飛行」発表のときであろう。

このとき彼女は「もうこれからは長距離飛行はやらない。

この飛行で終わりにする」と、両親、身内の人はじめ、多くの友人、知人たちに公然と宣言していたことである。

この言葉ほど、常に身に危険を伴う飛行家の厳しい宿命を感じさせるものはない。彼女は万感の思いで、大西洋単独飛行に出たのである。

一九三二年五月二〇日朝、彼女は前回同様にニューファンドランド、ハーバーグレースから過重燃料を積んだロッキード・ヴェガ機を見事に離陸させ、一路イギリス西海岸のロンドンデリー目指して飛び出したのであった。このロッキード・ヴェガ機は彼女が三年前、女性飛行ダービー出場のため新規購入したロッキード社が誇る最新鋭機で、ワスプ四二〇馬力エンジンで、最大時速二七五キロメートルの高性能機であった。いかに、この飛行にかける彼女の決意が強かったかが窺えるのである（ヴェガ＝Vega＝織女の意）。

しかし、いつの時代でも過重燃料を積んでの飛行機の離陸ほどむずかしいものはなく、まして重いエンジンを搭載しての長距離離機はなおさらで、彼女は必死の思いで操縦桿を握ったことは想像に難しくない。まさに神にすがる思いであっただろう。

だが、このときも北大西洋特有の激しい気象変化に悩まされ、飛行の後半は強い雨、霧で海面は見えず、しかも離陸間もなく、早くもエンジン不調や油洩れなどのトラブルが発生するなど、その苦心は並大抵でなく、アメリアにとっては言語に絶する難渋の初フライトであった。

そして約二十時間後、ようやくにして雲の切れ目からイギリス海岸らしき陸地が窺《のぞ》き、彼女は必死の操縦桿捌きで着陸地を探した。しかし、着陸予定のそこには、ある筈の滑走路は見当たらず、彼女は慎重な着陸操作で、やむなく畑地に胴体着陸することに成功したのであった。

飛行時間十三時間三十分。まさに女の意地に燃えたアメリア畢生《ひっせい》の大飛行であった。

そして、何よりも人々のあらぬ陰口による屈辱の思いを見事に晴らすことができたのであった。時にアメリア・イアハート三十四才。まさに華やぐ女盛りの真っ只中のことであった。

この女性パイロット初の大飛行が全世界の女性に与えたインパクトは実に大きく、アメリアは自国アメリカはもとより、世界中の人々の限りない称賛を浴び、各地の歓迎会や講演会などに引っ張りだことなり、彼女の女性飛行家としてのステータスは見事に再確認されたと言っても過言ではなかった。

そして今や名流夫人として、彼女の日々の生活は何不自由なく、素晴らしい優雅な暮らしそのものであったことは言うまでもなかった。

だが、何事にも常に前向き志向の彼女にとって、なおいま一つ心残りの思いに駆られるのは、やはり世界一周飛行であった。

赤道まわり世界一周飛行直前の
アメリアとロッキード・エレクトラ機

12❖南溟《なんめい》に散った華

当時、第一次大戦後も世界の国際情勢にはなお不安要素も多く、世の中が混沌としたなか、各国の軍備拡充は先を競う観があり、なかんずく飛行機の開発は目覚ましかった。

そして、各国ともに高性能機が次々発表され、各地でスピード、距離、高度などを競う競技会がしばしば行なわれ、記録更新は活発であった。

さらに、世界一周飛行も早々と企画されるまでになって、人々に驚異の眼で見られる状況になっていた。

しかし、女性の世界一周飛行については、体力はもとより飛行技術そのものもまだその域に達しておらず、アメリアの思いもまさにこの一点に一抹の不安が残っていた。

だが、彼女はこれまでに自ら打ち立てた数々の長距離飛行の体験からも、何とかして一度は世

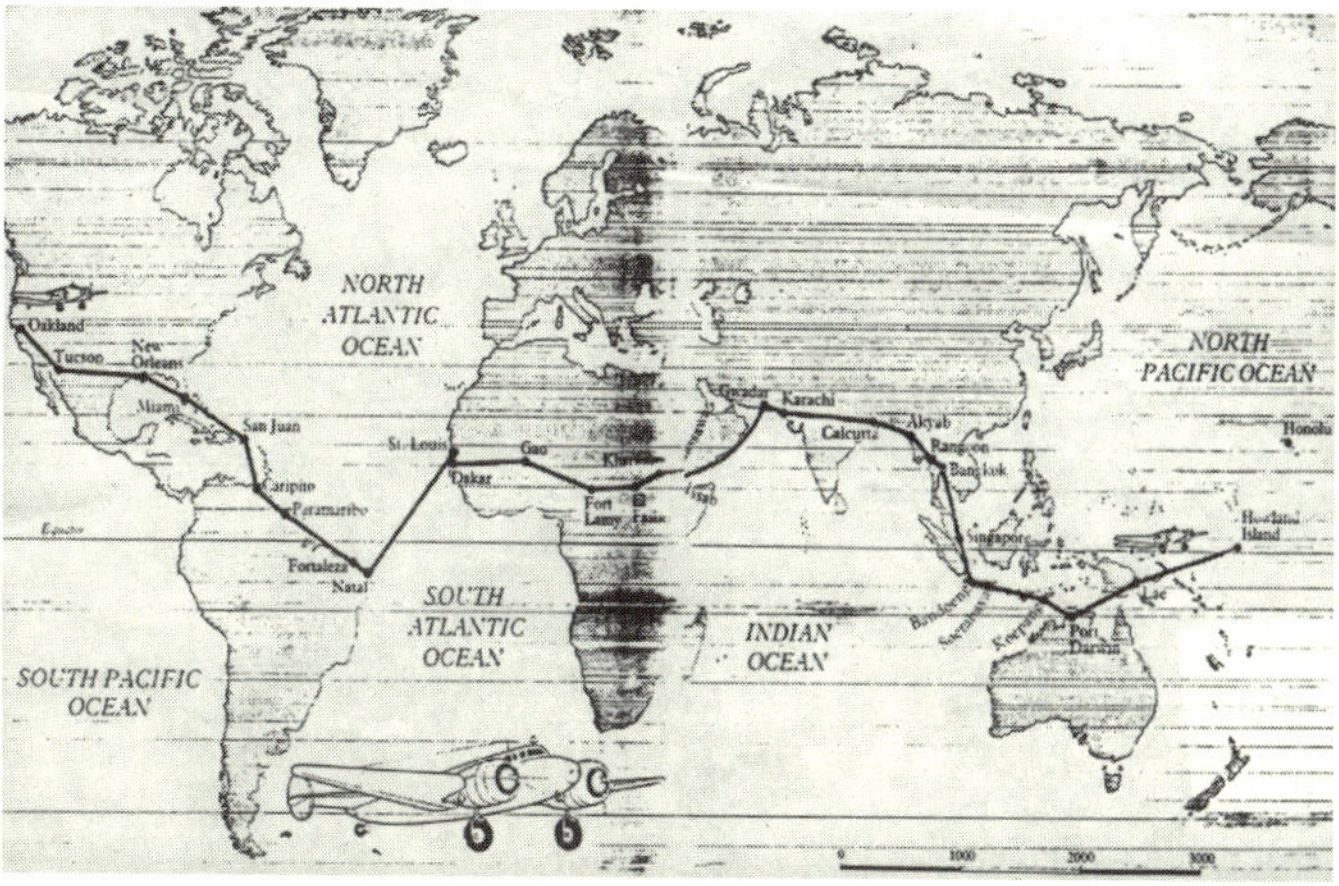

アメリア・イアハートの世界一周コース

界一周飛行をやりとげたい気持ちが日々に強くなり、その計画を毎日の生活の中で進める状態になっていた。

しかし、この世界一周飛行については、これまでたびたび危険な飛行を常に支え続けてくれた最愛の夫であり、かつニューヨークで有名な出版業を営むパトナム氏に、彼女は「もうこれ以上の心配はかけられない」という妻としての思いやりも当然残されていたことは言うまでもなかった。そして彼女自らこの飛行を「最後の飛行」と位置付け、多くの友人たちにもハッキリと広言し、自身にも言いきかせていた「フシ」があったと言われる。

だが、人間の運命ほど苛酷なものはない。

アメリアのこの神にすがる思いの「最後の飛行」に自らの願いは叶わず、彼女は無念にも自身の輝かしい飛行機人生もろとも、南溟に消えて果てたのであった。

彼女はこの自らの命運をかけた飛行に備えて、新たに新鋭機、ロッキード・エレクトラ機（ワスプ四四〇馬力二基、可変ピッチプロペラ、引込脚、ベンディクス方向探知機、単葉低翼、最大時速三〇四キロ）を購入、万全を期した。

そして錬達の航空士、フレッド・ヌーナンと共に一九三七年六月一日、フロリダ州マイアミ飛行場を出発。一路四万七〇〇〇キロメートル、「赤道まわりの世界一周飛行」に挑んだのであった。

以後、飛行機はアメリアの期待通り、至極順調に東まわりでほぼ赤道上空を飛び、まずアフリカへ渡り、インド、タイ、マレーシア、オーストラリアのダーウィンへと飛び、そこからニューギニアのラエまで約三万五〇〇〇キロを快調にクリアし、全行程の約四分の三をこなしたのである。そして、残り約一万四〇〇〇キロを残すのみとなってきたのであった。

だが、彼女にはそこから難関が待っていたのである。すなわち、ラエから小さなサンゴ礁のホーランド島までの約四一一三キロが彼女の運命を決する結果になったのであった。

もちろん、彼女たちもこの最後の難関コースの飛行には慎重であった。

それは、これまでにこのラエからホーランド島までの洋上飛行の実績がほとんどなかったこと、また、目的地のホーランド島はタテ約三・五キロメートル、ヨコ約一・二キロメートルの小さな楕円形の珊瑚礁にすぎず、特に気象条件の悪いときなど、その島の着陸点を機上から発見することはすこぶる困難なことなどがわかっており、この間の飛行にはなお一抹の不安要因が残っていたからであった。

そのためアメリアは、この飛行の計画当初からベテラン航空士、フレッド・ヌーナンとたびたび検討を重ね、一応この難しいルートをクリアできる見通しはもちろん持っていた。

だが、その自信もいざ現場に来てみると、やはり不安と緊張の高まりで、夜は不眠に陥っていたのではないかと思われるのであった。

このラエでは休養と機体の点検を兼ねて二泊し、中一日おいて出発する予定にしていた。

もちろん、二人はラエに到着するやただちに機体、エンジンの点検を始め、飛行ルートの確認、気象予報の入手、そして機体の重量軽減のため二人は自分の持ち物をギリギリまで減らし、ついに洋上飛行には不用としてパラシュートまで外した。それほどまでに二人はこの飛行の最後のチェックを慎重に進め、飛行の万全を期したのであった。

そして運命の日、七月二日朝十時過ぎ、過重燃料四三一五キロリットルを積み込み、まさに神に祈る思いでホーランド島へ向けて出発したのであった。

アメリカ海軍はこのアメリアの「赤道まわりの世界一周飛行」の全面支援を早い時期から決めており、すでに沿岸警備艇（S・S・P）イタスカ号をホーランド島近海に配備し、彼女との交信に待機させていた。

そして、出発から約十五時間経過したころ、ようやくエレクトラ号との交信に成功したのであった。

だが、その内容は、聡明なアメリアにしては何とも不明瞭な、理解しにくい内容で、彼女たちはエレクトラ機の現在位置がつかめず迷っているようで、もちろんホーランド島の方位、方角は全くわからない状態にあるという。

これに対し，イタスカ号は懸命に応答し続け、ラエの位置をエレクトラ機に伝えていたが、うまく伝わっていないような状況にあったという。

そして彼女たちは、二十時間すぎても、本来ならとっくに目的地に到着しているはずなのに、依然「上空を旋回している」という内容が伝わってくるのみであった。

そして、燃料切れが刻々に迫っている状態も伝えて来たが、やがてすべての交信が途絶えてしまったのであった。

この急変事態を受けて、アメリカ海軍は国家の威信をかけてただちに彼女たち、エレクトラ機の救出作戦を開始した。そして戦艦コロラド、航空母艦、レキシントンはじめ、駆逐艦、警備艇など大小、十隻余りの艦艇を出動させ、日夜必死の捜索活動を展開したのであった。

だが、この国家の面目をかけての大捜索活動にもかかわらず、ついに何一つ、機体の破片すら発見できないまま、十六日間の救出作戦は終了し、アメリアたち二人の姿を再び見ることはなかったのであった。

アメリカ全国民の悲嘆は言うに及ばず、全世界に異状の衝撃を伝える悲しい結末を迎えたのであった。

当時、このアメリアたちの悲運に打ちひしがれ、沈み切っていたアメリカ社会にあって、エレクトラ機捜索の失敗理由について、アメリカメディアが推理に基づく後日談を次のように発表していた。

その概要の一つは、当然のことながら、当時出動した艦艇が多くても、何分にも捜索海域が余りにも広大であったこと。つまり、ホーランド島周辺に捜索範囲を絞ってもなお、墜落位置を特定することは至難の業と言わざるをえず、アメリカ海軍首脳部がまず、ここに窮したのは当然のことであろう。

そしていま一つの理由は、科学技術の進んでいたアメリカにあっても、現在のような高性能の金属探知機がなかったことである。

つまり、この分野の開発の遅れで、海中の金属物体の確認ができなかったことである。

これが致命的な理由であるとニューヨーク新聞は報じていた。

海洋に墜落した飛行機の探索については、我が国では昭和二十七年一月、羽田沖の全日空ボーイング七二七の墜落事故があった。

このときは、早々に超音波エコー金属探査機で海中の墜落機体の所在を確認することができ、乗客、乗員および機体の引き上げを促進する効果を上げた実績が残っている。

アメリアたちの悲劇から約二十年後のことで、その間の科学技術の進歩が事故原因解明の促進に大いに効果があったことが窺えるのである。

そしていま一つ、我々にも何とも理解しにくいことが残されているのである。

それは、彼女がなぜ、この多くの危険を伴う「赤道まわりの世界一周飛行」をあえて決意したのかということである。

アメリアはこれまでに二度の大西洋横断飛行をはじめ、ロサンゼルス――ニューアーク間のアメリカ大陸横断飛行での新記録の樹立、さらにハワイ――オークランド間の東太平洋横断飛行など、数多くの大飛行に成功を収め、女性ながら名パイロットとしてその名は広く世界に知られ、彼女の飛行実績は高く評価されていたのである。

しかも、アメリカはもとよりヨーロッパの女性飛行家のリーダー格の存在として、航空界での彼女のステータスはすでに確立されていたことは前述の通りである。

また、日常生活でも、彼女は著名な出版会社の社長夫人として、何一つ不足はなかったはずである。

にもかかわらず、なぜ、あえて不安を伴うこの世界一周飛行に飛び出して行ったのか。大きな疑問が残るのである。

これについても、巷間さまざまな推理、憶測が流れているが、その主なるものを要約すると次の事柄が浮かび上がって来るのである。

すなわち、まず第一には、彼女の性格であろう。つまり、アメリアは前記のごとく、もともと裕福な家庭に生まれ、育てられ、何一つ不足なく、子供のときから自由な雰囲気の中で成長し、日ころから好奇心は人一倍強く、何事にも前向きに行動していた。そして、人のやらないことにも物おじせず、率先してやってのけるというやや強い性格が働いたと考えられるのである。当時、飛行機にはまだ不安定要素が多々残っていた時代であり、男性パイロットですら「世界一周飛行」ともなれば「二の足を踏む」時代で、女性飛行家には、それはもう到底考えられない危険な飛行にしか映らなかったはずであった。

だが、彼女は持ち前の強い性格で決断したのであろうと思われるのである。

二番目には、彼女の飛行家としての自負であろう。彼女はこれまでに二度の大西洋横断飛行をはじめ、数々の初飛行に挑戦して、それぞれ見事に成功を収めて飛行機の操縦技術の腕前は確かなものを持っていた。そして、航空界ではすでに名を成し、女性パイロットとしての評価は極めて高く、世界的に著名であった。だが、彼女にとって最後に残っていたのは、やはり「世界一周飛行」であったのだろう。そして、また、彼女ほどの実力者なら、「世界一周飛行」も何とかやりとげておきたいところであり、それも女性飛行家のリーダー格ともなれば誰より真っ先に成功したかったのは当然だっただろう。彼女にその思いが常にあったことは間違いないところである。

三つ目には、リンドバーグやイギリスのメリー・ヒース夫人たちとの友情と彼らの激励に応えたいという気持ちが常にあり、それが彼女の背中を押したことも間違いなかろう。

リンドバーグは同じアメリカ人として常に身近にいて、いろいろとアドバイスを受けていたし、彼の妻、アン夫人とも同じ女性の飛行機仲間としていつも語り合っていた仲で、二人の励ましはアメリアにとっては身に沁みてありがたかったに違いない。また、メリー・ヒース夫人は、アメリアの大西洋横断飛行の記念として、自分の愛機「アヴロ・アビアン機」をアメリアに譲り渡したほどの親切な先輩飛行家であり、アメリアは深く感謝していたのである。したがって、アメリアがこれらの人たちの期待に応えたいという思いからこの「世界一周飛行」を決意したのも確かなことであろう。

そして四番目には、彼女の飛行家としての自信であろう。彼女ほどの飛行機操縦の腕前なら、誰でも一生に一度くらいは「世界一周飛行」はやりたいところで、まして女性パイロットのパイオニア的存在であれば、なおさらのことであろう。しかも、彼女はこれまでに度重なる飛行経験があり、充分達成できる自信を持っていて、その自信が彼女にこの大飛行を決断させたことも間違いないことと思われるのである。

そして、五番目にはやはり、名誉であろうか。女性パイロットの嚆矢《こうし》として「世界一周飛行」に成功することは何としても輝かしい業績であり、彼女の名が広く世界に知れ渡ることは、やはり晴れがましくもあり、名誉なことでもある。そして、人間誰しも大仕事を成し遂げたときの充実感、達成感の爽快さは何ものにも代えがたいものであり、彼女はこれまでに幾度かその味は経験済みであるが、いま一度それを「世界一周飛行」で体験してみたい気持ちが充分あったのだろうことは想像できるところでもある。

いずれにせよ、これらの事柄の多くは前述のごとく、彼女の生い立ちに依存するものであると考えられ、幼少時から自由に好きなことは何でもやらせてもらい、何事にも怖じけない性格が与《あずか》って大きいと思われるのである。以上がアメリア・イアハートがなぜこの困難な「赤道まわり世界一周飛行」を決断したかという理由とも言えるものであろう。

そして、いま一つこの飛行の根本に係わる問題として、このアメリアたちの不運なアクシデントはいったいなぜ起こったのか、その原因は何かのかという疑問である。

この問題についても、いまや何一つ遺留品の残っていない状況下で判断することは極めて難しく、その真相は今も五里霧中のままである。

だが、その後のアメリカの航空専門家の意見を中心にした考察をまとめると、大要次のごとく推理することができようか。

それはまず、この飛行中のエレクトラ機そのものには異状はなかったということ。

つまり、マイアミ空港から既に約三万五〇〇〇キロメートルを無事翔破しており、WSP四〇〇馬力二基のエンジンは快調そのものであった。

また機体についても、主翼、尾翼、その他の補助翼などの主要機能には何ら問題はなく飛んだと見られているのである。その上、このエレクトラ機にはこの「世界一周飛行」の約三ケ月前、彼女がホノルル―オークランド間の東太平洋横断飛行のテスト飛行のとき、脚部の異状から機体がひっくり返って大破し、ロッキード社で急遽大修理した経緯がある。だがそのとき、各部分の修理、改修も同時に行なわれ、機体の機能そのものは却って前より良くなって、機体には問題なく、この長距離飛行中にも差し支える欠点はなかったはずであった。そこで残る疑問点は、彼女が飛行中、無線の応答でしばしば自分位置（エレクトラ機の位置）を見失っていたような状況下にあったことから考えると、あるいはベンディックスの方向探知機に何らかの異状が発生したのかという疑問が出てくるのである。

そしていま一つは、アメリカ海軍の支援艇イタスカ号との交信が確実に行なわれていなかったことから、これも無線機の故障か、あるいは彼女とベテランの航空士、フレッド・ヌーナンが所定の通信サイクルを間違えて発信し続けて、イタスカ号との交信が不能になっていたことぐらいしか、普通の安定した飛行状況下では考えにくいという専門家の指摘がある。だがしかし、その真相も依然不明のままである。

いずれにしても、このアメリカが誇る女性パイロット、アメリア・イアハートにとって、これほどの苛酷な運命はなく、彼女は故郷はるか南溟の海に消え、三十八年間の華やぐ飛行機人生を無念のうちに終えたのであった。

そして、最後に彼女は愛機エレクトラ機の操縦席で、目に見えて迫り来る燃料切れの瞬間を、どうすることもできないまま、絶対絶命の自らの運命を迎えるしかない無念の思いには、切なく、世の聞く人皆、断腸の悲涙を誘われたに違いないのである。

長い悲しみの後、アメリカではアメリアたちのその後の動静について、さまざまな憶測が流れていた。

そして、彼女たちは南太平洋の無人島でまだ生活しているとか、オーストラリアへ船で渡ったとか。中には太平洋戦争直前の日米関係が険悪化しているときであり、日本海軍に拉致され、その後、日本本土でスパイ活動を強いられていたなど、どれも信憑性の乏しいものばかりで、この真相も五里霧中のままである。

そして、中には探検者気分でわざわざ彼女の救出にニューギニア島まで出かけるという熱心な者まで現れたという。

だが、アメリア・イアハートの三十八年間にわたる生涯の輝かしい女性パイロットとしての業績は、世界の女性飛行家のバイブルとして後に続く女性飛行家の活躍に大いに貢献したことは特筆されるべきである。

その功績は極めて大きく、彼女は今もって世界の人々に慕われている。

そして、中にはアメリアの「赤道まわりの世界一周飛行」の足跡を訪ねる追慕飛行を試みる熱心なファンもいるのである。

つい五年程前、同じ米国人で、かねてアメリアに心酔していた飛行家S・リンダさんは、アメリアの使用機と同じロッキード・エレクトラ機の中古機を探し出し、それを約三年掛かりで修理し、足りない部品は航空博物館から借用して、組み立て、立派な長距離機に復元したという。

そして、アメリアと同じコースで、マイアミ空港を出発し、「赤道まわりの世界一周飛行」を見事に成功させたというニュースがあった。

その飛行体験談として「途中どこの国でもアメリアは今も多くの人々に慕われている」というコメントを発表して、先輩パイロットの活躍に今なお尊敬の思いを示していた。

そして、その飛行時間がアメリアに比べて大きく短縮されたのは「当時のエレクトラ機よりエンジン性能が格段に進歩していたためであろう」と伝えた現地メディアの報道があった。

そして現在、彼女の記念財団が毎年世界中の若い女性の航空・宇宙に関する顕著な業績を上げた者に対し、「アメリア・イアハート賞」を授与し、その業績を顕彰する事業を行なっている。各国の航空、宇宙関係の大学、企業を対象に毎年募集し、今後も一層、若い女性たちが航空・宇宙関連の仕事に携わり、空の発展に貢献することを期待している。

13❖スピードにかけた女性パイロット

――ジャクリーン・コクランの活躍

この不世出の名女性パイロット、アメリア・イアハートや、彼女の約二十年前、アメリカの女性パイロット第一号として華々しくデビューしながらも、わずか十一ヶ月で飛行機人生を終えたハリエット・クインビーたちの悲運のアクシデントにもかかわらず、アメリカでは次々と元気な女性飛行家が誕生し、彼女たちはそれぞれ距離、高度、スピードなどの記録更新に自らの目標を掲げ、日々の訓練で腕を磨いていたのである。

そして第二次大戦中は、女性ながら軍用機に搭乗して輸送、偵察、通信などの軍務に就き、祖国防衛の第一線で華々しく活躍していた。やがて戦後になるや、早速プロペラ機からジェット機

ジャクリーン・コクラン空軍中佐。
女性初の音速飛行（1906-1986）

に乗り換え、その操縦技術をもクリアし、女性ながらも前記のごとく各種の記録飛行大会に出場して、それぞれ記録の更新にしのぎを削っていたのであった。その中でも飛行機のスピード記録更新に自らの生き甲斐をかけたヤンキー娘がいた。

　そして現実に彼女は次々と新記録を樹立して、多くの人々に驚異の眼をもって迎えられていた、誠にラッキーなアメリカ女性パイロットがいたのである。

　彼女の名はジャクリーン・コクランといい、一九一〇年、フロリダ州ペンサコラ生まれで、アメリアより十二年後輩であった。だが、彼女はその後も数々のスピード記録を残しながら幸運な飛行機人生を送ることができ、一九八〇年八月九日、カリフォルニア州インデオで七十年の生涯を終えた。アメリカが誇るスピード女王であった。

　だが、その勇ましい女性飛行家も、年若いころは家計を助けるためか、八才から十才ころまではジョージア州で木綿糸を紡ぐ田園小屋で働き、その後南部で何回か仕事を変えながら生計を立てていた。一九三〇年、ニューヨークへ出て、ここで働く傍ら、一九三二年になって初の飛行ライセンスを取得することができた。

そして、この一件は、生涯にわた彼女に幸運をもたらす結果となり、彼女は自分の一生の仕事はやはり飛行機に乗ることと決めていた「フシ」が見られるのであった。

彼女は日々、明るい性格で、人付き合いもよく、また人のやらないことも率先してやって退け、多くの人々に可愛がられていたのであった。

しかし、彼女も若い女性として結構おしゃれをしたい気持ちがあったのは当然で、やがて、ニューヨークで化粧品会社を興したのであった。このときすでにかなりの資金があったのだろうか。ところがこの若いヤンキー娘が、最初は自分のおしゃれ趣味のつもりで始めた化粧品会社ではあったが、世の中の景気の動向は今も昔もわからぬもので、これが当時のアメリカ社会の風潮に乗って、ジャクリーン・コクランが軽い気持ちで興した化粧品会社が大繁昌し、彼女は日常の自分の生活費はもちろん、飛行機の練習費も充分賄えたという。

そして、肝心の飛行機の方も、彼女の何事にも強い好奇心を示す活発な性格に影響され、次第に熱を帯びていったのであった。

だが、その始まりは前述のごとくニューヨークで一九三〇年ころからで、平素は自分の化粧品会社で働く傍ら、近くの飛行機練習所で小型機の飛行練習を重ねていたことからであった。

彼女は段々と飛行機が面白くなり、そのうちにすっかり飛行機の「トリコ」になって、それにも精を出すという毎日に変わり、化粧品会社と飛行機の「二足の草鞋《わらじ》」を履く生活になっていた。

ところが前述のごとく、幸運にも小型機の操縦免許が取得でき、それ以来彼女は文字通りの飛行機一辺倒になり、ついに自家用機を持って各地を飛びまわるまでになった。つまり、世間一般の女性とは違った、当時としては一風変った道を歩み始めたのであった。

やがて、自らの操縦技術の向上に伴い、彼女はより高性能の飛行機を次々と乗りこなして、一人前の飛行家として各地の飛行機競技会にも出場できるまでになっていた。彼女の日々の喜び、これにすぐるものはなかったのである。そして、彼女がパイロットとしてようやく頭角を表し始めたのは、一九三三年ごろからであった。彼女が初めて公の競技会に参加したのは一九三四年、ロンドン―メルボルン間の長距離飛行競技会であった。

このときエントリーしたのは女性では彼女たった一人で、まさに「紅一点」として世人の注目を浴びたのであった。だが、このレースは何分にも彼女にとっては初めてのことでもあり、しかも不運にもレース途中、中部ヨーロッパのルーマニア付近の上空でエンジントラブルのため、ついに棄権せざるをえなかったのであった。

そして、彼女が最初に入賞を果たしたのは、一九三七年、ベンディックス競技会のときで、このときも多くの男性パイロットに伍しての競技会であったが、見事三位入賞の栄に浴したのであった。彼女の飛行機操縦技術はその後も順調に進歩し、それに伴って彼女は一層高級な新鋭機で記録を伸ばしていったことは言うまでもなかった。

そしてその年の秋、彼女はついに、当時アメリカ陸軍の最新鋭戦闘機と同型のセパスキーP35に搭乗して、当時の女性の世界最高速、時速四七〇・三六五キロメートルの記録を残したのである。これは一九三七年九月のことで、FAI公認の国際女性記録となったことは言うまでもなかった。

彼女はその後、P35と同じ高速機、ノースロップ機などにも搭乗経験を積み、彼女の高速飛行経歴は、まさに男性パイロットを凌駕する、実に見事なものであった。

そして、第二次大戦中はもちろん軍用機に乗り、各種戦闘機、B27戦略爆撃機などに搭乗し、主として輸送任務に就いていた。

さらに、戦後のジェット機時代になるや、いち早くこれに挑戦した。当時、一九四七～八年ころ、世界の女性ジェットパイロットは極めて少なく、彼女のほかにオリオール（フランス）とポポウィッチ（ロシア）のわずか三人にすぎなかったのであった。世人の注目を浴びたのは言うまでもなかった。

そして、彼女はF86セイバージェット戦闘機で亜音速の飛行記録を作り、さらにノースロップT38で時速一三五八キロメートルの超音速を樹立した。

さらに彼女はロッキード・F104戦闘機で、実にマッハ2に近い時速、二〇九四キロメートルを実現した。まさに男顔負けのスピードに生きた驚異のヤンキー女性パイロットであった。

ベッシー・コールマンの飛行服スタイル（1892-1926）

彼女の業績は全世界の女性飛行家の鑑として今も人々の驚嘆の語り草となって尊敬されている。以後、アメリカでは彼女に続いて次々に女性飛行家が誕生し、その多くは家族旅行などには自家用機で飛び、各地の飛行クラブは大賑わいの様相を呈していた。そして、もちろんこのジャクリーン・コクランのアメリカ国家への崇高な忠誠精神に強く共感し、進んでアメリカ空軍に入隊し、女性パイロットとして軍務に励む若い女性が少なくなかったことも言うまでもなかった。

このジャクリーン・コクランの四十年にわたる長い飛行機生活の中で、彼女が直接アメリカ国家への忠誠心を発揮し、空軍の一員として目覚ましい活躍を遂げ、国家の安全と国威の発揚に貢献した事績は大きく分けて二つある。

その一つは、一九四一年、彼女は爆撃機に搭乗して、イングランドの支援に向かい、かの地で英空軍との共同作戦に参加、イギリスの空中輸送部隊の指揮官になった。そこで若い女性パイロットたちを指導し、イギリスへの空中輸送作戦の訓練を指揮した功績である。

そしていま一つは、そのイギリスとの空中共同作戦指揮の後ただちにアメリカへ帰国し、そこでアメリカ空軍の若い女性パイロットの部隊（ＷＡＰ）を組織し、その指揮官として気鋭の女性パイロットに空中輸送作戦の教育を実施したことなどである。

この二つの大きなアメリカ空軍への功績によって、一九四五年、第二次世界大戦の終戦直後、特別功績勲章が授与されたのであった。さらにその三年後、一九四八年になって、彼女はアメリカ空軍少佐に昇進する栄誉に浴したのであった。

ジャクリーン・コクランは女性パイロットとして数々の輝かしいスピード記録を樹立したばかりか、アメリカ空軍の軍人としても実に見事な功績をも残し、女性飛行家の手本として今も多くの人々の尊敬を受けている。その一生はハリエット・クインビーやアメリア・イアハートに比べ、実に幸運の生涯であったということができるのであった。

14❖空は平等である

——世界初の黒人女性飛行家の心意気

かくして飛行機は人類社会に必要欠くべからざる乗物として、その進歩のテンポを速め、金持ちたちは早くも自家用機を持つまでに発展し、世はまさに飛行機万能の様相を呈してきた。だが、飛行機がそれほどの進歩の中にあっても、黒人が飛行ライセンスを取得することの困難性は並大抵ではなかった。

当時、第一次大戦終戦直後の一九二〇年ころでは、アメリカはもとより世界的にアパルトヘイト（人種差別）の風潮が強く、黒人たちにとってはそれは至難の業であった。ましてそれが女性ともなればなおさらのことであった。

そんな世情の中にあって、その困難を自らの激しい努力で乗り越え、見事、黒人女性飛行家となり、全世界の女性パイロットのパイオニア的存在として活躍した黒人女性がいたのである。

もちろん、彼女はそれによって、人類社会の更なる発展に貢献したことは言うまでもなく、その困難を克服した心意気は誠に見事と言うほかなかった。

彼女の名はベッシー・コールマンといい、父はアメリカ東北地方に住む原住民、チャロッキー族のインディアンで、母はアフリカ系のアメリカ人であった。

彼女は一八九二年一月、ジョージア州アトランタで生まれた。兄弟は十三人もいたが、そのうち九人が成人した。

そして、彼女がまだ幼いとき、父親が家族を残して家を出て行ったのである。そのため残された母親は大変な苦労を舐めながらも子供を育てるしかなく、彼女はその母親の生活苦に喘ぐ姿を見ながら成長していったのであった。

当時のアメリカは南北戦争（一八六一年—一八六五年）直後の戦争の余燼《よじん》なお燻《くすぶ》る世情混沌の時代で、黒人たちの生活は実に悲惨な状況下にあった。

その中で彼女の母親は、洗濯仕事や田園での木綿糸紡ぎなどで日々の生活を支え、彼女がコットン小屋で働いたのはそのころであった。

だが、利発な母親は、子供たちには、どんな本でも読むこと、そして物ごとの道理や世の中の規則をよく理解して覚えることなどを教えていたと云う。

この母親が黒人ながらなかなかの賢母であったことは間違いなかったのである。

そのため、ベッシーはこの母親の教えをよく守り、彼女は手当たり次第にどんな本でも貪り読み、学校でもよく勉強して、成績は常に優秀であったと言われる。

そして、そのうちに彼女はついに、第一次大戦中、欧州で空中戦が行なわれた記事を読み、飛行機のことが将来の夢として心中大いに掻き立てられたのであった。やがて一九一五年、彼女二十二才のとき、シカゴへ行き、ここで二人の兄たちの援助で理容学校へ通い、ここで美容術を覚えた。そして、「白いソックス」というシャレた名の美容院でマニキュリストとして働いたのである。ところが、これが結構繁昌したのである。

その上、店へ来る偉い人とも次第に顔見知りになり、これが彼女にとって誠にラッキーであった。その一人、週刊シカゴ新聞社のオーナー、ロバート・キュレム氏とも知り合いになることができたのであった。

そして、この一事が、後日、彼女に飛行家としての幸運をもたらす結果になったのである。彼は、彼女が飛行機に大変興味を持っていることを知り、大いに激励し、以後、何かと相談に乗る事を約束したという。

そこで、彼女自身もついに、生涯、飛行機の操縦士として働くことを心にかたく決めたのであった。

そして、その後、彼女たち兄妹は商才豊かな兄たちの考えで、冷えたフルーツを売るレストランをも始めたのである。

ところが、これもうまく当たって、彼女たちがかなりの資金を手にすることができたのであった。

しかし、彼女はその金を決してムダ費いすることなく、目標の飛行機操縦技術修得のために貯金し、早速、自分で飛行学校を探し始めたのである。

だが、アメリカでは、どこの学校でも彼女が黒人であることだけの理由で全部断られたのであった。

その時の彼女の無念の思いは察するに余りあるものであったに違いなかった。

「なぜ黒人なるがゆえに」自分は涙を呑まねばならないのか。彼女の苦悩は続いたのであった。

そこで彼女は、前記のシカゴ新聞のオーナー、ロバート氏に相談し、彼の支援を得てアメリカの学校を諦め、彼女は自分一人でフランスへ渡り、そこで飛行訓練を受けることにしたのであった。

フランスはラテン系の何事にも大らかな民族が多いせいか、当時フランスでは男女を問わず、黒人にも自由に飛行機操縦技術取得の門戸が開かれていたのである。

これは彼女にとって誠にラッキーなことであった。

しかし、そこにはなお問題が残されていたのである。つまり、フランスの学校では当然フランス語が必要だったのである。

そこで、彼女はこの難関クリアのため、昼間は働き、夜になって必死にフランス語を勉強するしかなかったのであった。

そして、ついに一九二〇年一月二十日、彼女は単独でフランスへ船出したのであった。フランスではパリ近郊の飛行学校で必死に訓練を受けた。その甲斐で、フランスでの七ヶ月の飛行操縦訓練の末、ようやくにして飛行機操縦の認定テストを受けることができたのであった。

そしてその翌年、一九二一年九月のある晴れた佳き日、彼女は晴れて世界で初めて黒人女性飛行ライセンス第一号が授与されたのであった。

その栄誉を持って、彼女は一人、一九二一年末、ひとまずアメリカへ帰った。

そこで、ロバート氏はベッシーの成功を自分のシカゴ新聞に特ダネとして報道したため、彼女の名は一躍有名になったのである。

そして、彼女は次のステップとして、黒人にも男女を問わず自由に飛行訓練が受けられるように制度の解放を計画しようと考えたのである。

彼女はそのことを自分自身の夢として、その実現のための資金集めに全国巡回の航空ショーを企画したのである。

飛行機がまだ珍しかったこの時代に、この種の航空ショーはどこの国でも行なわれ、その入場料で主催者は皆結構いい金儲けになったと言われ、彼女も自分の操縦技術に自信を持ってこのショーを計画したのであった。

そして、日々のショーの間、彼女は自分の愛機のコックピットに座っているときは実に冷静そのものであったが、いざ飛行してショーとなるや、危険の多い曲芸飛行をもしばしばやって見せ、大観衆の喝采を浴びていた。そんな元気の良い彼女のことを人々は「勇敢なベッシー」とニックネームで呼んでいたのであった。

そして、資金を蓄えることができた彼女は一九二二年十一月、自家用機として、一般に「ジニー復葉機」として世界的によく知られた名機「カーチスＪＮ—４」の購入資金も作ることができたのであった。

しかし、運命のいたずらか、その三カ月後のカリフォルニア州サンタモニカでのショーで、乗っていた飛行機が墜落事故を起こし、彼女は重傷を負い、両腕と脚を骨折したのであった。

だが、気丈な彼女はそれにもめげず、二年後怪我を回復した後、元気に再び各地でエアショーを再開し、念願の飛行学校設立資金集めを始め、その活動に奔走する日々の生活であった。

しかし、一九二六年四月二十日、彼女の生涯の夢はついに果たすことなく終わったのであった。

それは彼女が飛行士として飛び始めてからわずか五年後のことであった。

その不運のアクシデントは、彼女がフロリダ州ジャクソンビルに設立する黒人福祉施設資金集めの航空ショー開催のため、フロリダ州へ飛んだときのことであった。

彼女の乗った飛行機の二つのエンジン不調から、飛行機が飛行ルートに乗れず、ウィリアム操縦士が急上昇を試みたが、飛行機は約二〇〇〇フィート上空から真っ逆さまに墜落したのであった。

しかもこのとき、彼女はなぜかパラシュートをつけていなかったと言われ、彼女はなすべき手段もないまま無残な死を遂げたのであった。当時はまだ落下傘必須の確認が薄かったのか。後日の事故調査では、機体中央部に大きな損りを受けていたと見られる跡があったと、原因調査の報告が出されていた。

このように、彼女の悲願であった黒人制限の撤廃は、彼女の数々の苦心の努力にもかかわらず、彼女の生存中、アメリカではついに日の目を見ることはなかった。彼女は黒人女性で世界で初めて飛行ライセンスを取得し、後に続く黒人女性のパイオニア的存在としてその一層の活躍が期待されていただけに、アメリカは貴重な人材を失う結果になったのであった。

彼女の葬儀には数万人の人々が別れを惜しんだと言われ、いま、墓はシカゴ市リンカーン墓苑にある。

それから三年後、ベッシーの死を追悼して、彼女の誕生日に黒人パイロットが墓地上空から花束を投下して彼女の冥福を祈ったと伝えてられている。

彼女の生涯の夢であった「黒人フリーの飛行学校」設立は、このように彼女の生存中には果たせなかったが、一九三〇年、黒人で飛行家であり、かつプロモーターでもあった、ウィリアム・

パウエル氏が、彼女の名誉と若い黒人男女の飛行家への激励を兼ねて、「ベッシー・コールマン飛行クラブ」を設立した。

しかし、これほどまでの航空界への顕著な業績と若者たちに与えた強いインパクトを残しながらも、ベッシーの面影は次第に歴史の彼方に埋もれつつあった。だが、一九九三年になって、黒人解放運動の遺業顕彰の一環として、彼女の名誉とその業績についても「ベッシー・コールマン記念郵便切手」を発売することで、再び多くの人々の称賛を浴びているのである。

彼女の生涯は、一口に言えば、黒人らしい強い執念を伴った清潔な生活であった。しかも、日々の生活には決して不平を漏らさず、生涯の夢であった「飛行機一筋」の人生であった。

彼女が言うように、

「空には偏見もなく、上に昇れば、そこは誰でも自由で、平等である」

この言葉は、蓋《けだ》し名言である。

15❖イギリス航空三人衆
――ケーリー、ピルチャー、マキシム

イギリスと言えば、古くから男は「英国紳士」と呼ばれるように、皆ジェントルマンが多い国と思われている。

女性もまた「英国婦人」と言われるように、大抵の人が淑女で、皆美人でしとやかな家庭夫人を連想することが多い。

だが一方では、かつては大航海時代から、七つの海を制覇し全世界に雄飛していた「海国魂」、あるいはネルソン提督に象徴される「ネービースピリット」のように、古来イギリス人は勇敢な人種であることもまた事実であろう。

それは海軍に限らず、一九五三年、ヒラリー卿らとのイギリス人エベレスト登山隊による人類初の世界最高峰征服や、それ以前の一九一九年六月、ジョン・アルコックとアーサー・ホイッテン・ブラウンによる大西洋無着陸横断飛行など、これまでに人類のできなかった困難なことに果

Sir ジョージ・ケーリー卿。
「イギリス航空の祖」(1773-1857)

ジョージ・ケーリーの「ボーイグライダー」。2枚の十字尾翼が特徴

敢に挑戦し、それに打ち勝ち、成し遂げた勇気と先見性を持ち合わせていたことが、世界の人々から敬意をもって受け容れられた所以であろう。それは、大西洋横断飛行のごとく航空分野においても同じで、早くから気鋭の先覚者の活躍によって優れた飛行機を次々と造り出し、第二次大戦中は名機スピッツファイヤーに代表される不滅の戦闘機の活躍がライバルであるドイツのメッサーシュミットと並び称されるなど、輝かしい歴史が残されているのである。

そして、その系譜は今もって受け継がれ、古くからのデハビランド、ロールス・ロイス、ブリティッシュ・エアロスペースなどで、世界的に名声を博する優れた飛行機やエンジンを生産していることはよく知られている。

さらに特筆すべきは、超音速機コンコルドを

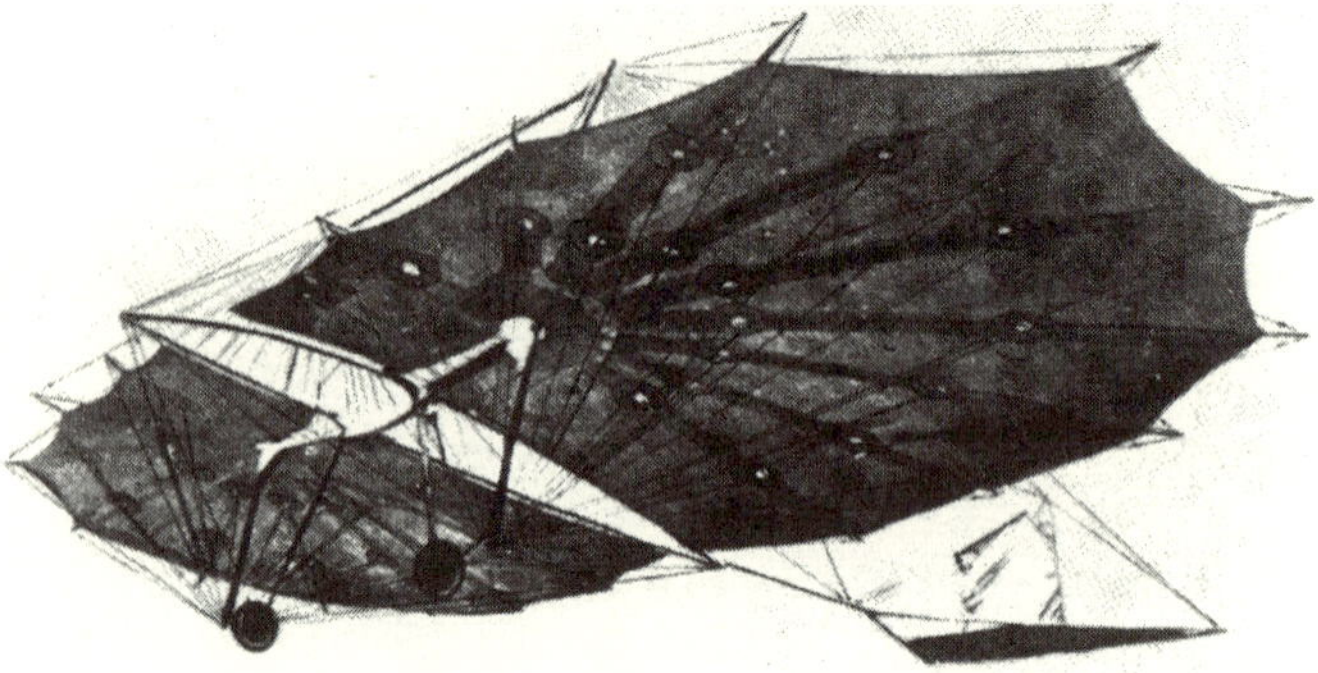

パーシー・シンクレア・ピルチャーのグライダー「ホーク号」（イギリス、1866年頃）

基礎研究の段階からフランスとの共同開発を進め、世界に送り出す業績を残したことであろう。この超音速機コンコルドについては、イギリスは第二次大戦の約二十年後にロールス・ロイスを中心に高出力のファン・ジェットエンジンの開発に成功し、これを基本に主としてフランスとの共同開発に乗り出し、見事に実用化に成功したのであった。

そして、これをロンドン、パリ、ニューヨーク間に就航させ、世界で初めてマッハ２の超音速旅客機を完成させた功績は極めて大きく、まさに航空先進国の名を欲しいままにした立派な業績であった。現在は、機体の耐久寿命の限界とエンジン騒音の問題からその使命を終えているが、イギリス航空の実力を世界に誇示した傑作機の一つであった。

そして現在は、フランス、ドイツ、スペインとの共同企業として造ったエアバスインダストリ社に参画し、その製造技術面で主要パートを担当し重要な役割を果たし、アメリカボーイング社と互いに大型機のシェアに鎬《しのぎ》を削っている。

このようにイギリスの航空産業は今や発展の一途にあるが、その原動力となったのはやはり十八世紀の産業革命以降におけるこの国の理化学分野の基礎研究の充実と、その後の工学・技術に携わる優れた人材の英知の結集に負うところが大きいと言われる。

その優れた人材の一番手としては、やはり「イギリス航空の祖」と言われるジョージ・ケーリー卿の優れた業績である。彼は一七七四年、イングランド中部のロード（地方の大地主）の家柄に生まれ、準男爵の地位にあった。もともと幼少時から頭が良く、明晰で、特に数学、理科に強く、彼も早くから空に憧れを持ち、空飛ぶ鳥、昆虫類の飛翔姿勢に強い関心を抱きながら観察していたと言われる。

ハイラム・スティーブンス・マキシム（イギリス、1840-1916）

そして、早くから人間が乗れるグライダーの開発に力を注ぎ、現在の「固定翼と迎え角」の理論を導き、その理論を応用した「落ちないグライダー」を開発して、今日の飛行機の基礎を確立した、いわばイギリスきっての航空理論家であった。

そして、彼は常にチャレンジ精神が旺盛で、自らの飛行理論を実証すべく生涯にわたり数多くのグライダーを試作し、安定したグライダー作りに集中していたと言わ

オットー・リリエンタール（ドイツ航空の祖）のグライダー飛翔図（リリエンタール博物館）

れる。

そして、それは彼が年を重ねてからも続き、特に七十五才のときの「ボーイグライダー」は十字型の二つの尾翼を持つ、三枚翼の実に安定性に優れたグライダーで、彼はこのグライダーにある日、少年を乗せて丘の上から飛ばしたのである。

そして、地上すれすれではあったが、約三十メートルの飛翔に成功したと言われた。

これが「人類初のグライダー飛翔」と呼ばれるもので、彼は大勢の人々の称賛を浴びたことは言うまでもなく、彼はこのグライダーを「ボーイグライダー」と名づけたのであった。

彼はこの成功に勢いを得て、その後も「ニューフライヤ号」を作り、これには大人が乗り、傾斜した丘から飛び出し、約一五三メートルの飛行に成功したと言われている。

彼は飛行理論に関して誠に顕著な業績を残し、「イギリス航空の祖」の名にふさわしい航空パイオニアで、八十三才の長寿を全うした誠に恵まれた才能と財産を享受した飛行機貴族と言えようか。彼はまたプロペラの研究業績も残している。

このジョージ・ケーリー卿に次いでイギリスで忘れられないのは、パーシー・シンクレア・ピルチャーである。

彼は一八六六年、スコットランドに生まれ、もともとはグラスゴー大学で造船工学を教えていた船の専門家で、数値解析による流体力学に強かった。造船工学にも流体力学は付きものであるが、ただ、飛行機とは扱う対象物が「水」と「空気」の違いだけで、基本的な現象に大きな相違はあまり見られないと判断していたようであったと言われている。

ウィリアム・サムエル・ヘンソン
（イギリス、1812-1888）

そして、彼も船より空が面白くなり、新しいグライダー作りに次第に熱中していったのであった。

特に、彼はドイツのリリエンタールの業績を常に高く評価して、それをお手本として日々の研究を進め、疑問を生じた時にはわざわざドイツへ彼を訪問するなど、細かい指示を仰ぐほどの親交を重ねていたと言われる。そして一八九五年、彼は有名なグライダー「バット号」を作り、安定性の高い飛行性能が評価されていた。

それに気を良くした彼は次々と新型グライダーを発表していたが、その中で最も機体性能が安定していたのは一八九九年発表のハングライダー「ホーク号」であった。

そして、その年の九月、いつものように飛翔テストを繰り返していたが、その日に限って何とも不運に、高度約九メートルを飛翔中、翼に異常を来たし、彼はそこから墜落し、無念にも事故死を遂げたのであった。

まだ三十三才の若さであった。

イギリス航空界にとっては誠に惜しい英才を失ったのであった。

彼は平素、自分の研究については、前述のドイツのリリエンタールとは意見の合わないハイラム・スティーブンス・マキシムの研究グループに属して、そこでグライダーの研究をやっていたが、実質的な研究指導は師とは意見の合わない他国の人の指示を仰ぐなど、何とも奇妙な師弟関係であった。

そのハイラム・スティーブンス・マキシムは、ピルチャーより早く一八四〇年にアメリカ、メイン州に生まれた。

彼も幼少時から手先が器用で、家庭での道具類の修理なども結構自分でやっていたと言われる。

そして二十四才になるや、父方の伯父の経営する機械工場に入り、ここで本格的に機械技術を身につけた。これが後日、彼の飛行機、グライダー製作に大いに役立っていたと言われている。

その後、一八八一年、一家がイギリスに移住したのを機に、イギリス陸軍からの要請を受け、彼は機関銃の開発に取り掛かったのである。これは機械屋の彼には誠に幸運であった。

もともと機械に強いところを軍に見込まれての話だけに、彼の思考力はフル回転で、ついに一八八四年、当時としては画期的な一分間に六百発の弾丸を打ち出すという凄い性能の機関銃の開発に成功し、イギリス陸軍に大いに貢献したのであった。

彼はその特許料で莫大な財を成すことができ、かつ、当時のヴィクトリア女王から「サー」の称号が贈られ、彼は一躍イギリス貴族の仲間入りを果たす幸運にも恵まれたのであった。

しかも、彼は単に機械に強いだけではなく、元来商才にも長けていた。

そして、これからはライト兄弟やリリエンタールなどと同じように飛行機の時代が来るに違いないと考えていた。

だが、その飛行機に対する考え方は彼らとは根本的に違っていた。

つまり、リリエンタールが一人乗りのグライダーに心血を注いでいるのとは対照的に、彼は一度に大勢の人が乗れる大型機が必要と考え、その方針で大型機の試作を重ねていた。

しかも、リリエンタールは動力を使わずに、単に翼を上向きにして上昇気流に乗ることだけを考えていたのでは大したものはできないと、彼はリリエンタールのやり方に結構批判的であった。

メリー・ヒース夫人。アイルランド生まれのイギリス人（1896-1939）

そのため、当時の英独二人の航空トップの仲は決してよくなかったと言われていた。

そして、マキシムは最初から空を飛ぶには人力以外のエネルギーを必要として、彼は蒸気機関を動力源とした大型機の開発に集中していったのである。

飛行機の動力に蒸気機関を使うアイディアは、当時、ハイパワーのオイルを使った内燃機関が未開発の時代にあっては多くの研究者たちは皆考えていた。イギリス以外ではアメリカの有名な大学教授、サミエル・ピアポンド・ラングレーや、同じイギリスのウイリアム・ヘンソンも蒸気機関で飛翔を試みたが、ヘンソンは失敗している。蒸気機関の重量が重すぎるのであった。

だが、機械に強いマキシムは彼独特のアイディアで、翼長約三七メートル、総重量約三六〇キログラム、それに一八〇馬力の蒸気機関二基を搭載し、それぞれに大きなプロペラを付けた超大型機を試作したのであった。

その飛翔テストは傾斜した小高い丘の上で行われ、離陸は斜面に施設した木製レール上を滑走しながら上昇させる方式を採用したのであった。

彼はこの初飛行を一八九四年七月末、乗員四名を乗せて挑戦したのである。

結果は、この当時、重い蒸気機関での飛行としては上々の成績で、試作機は地上わずか六〇センチメートルの地面すれすれの状態ではあったが、約一八〇メートルの飛行に成功したのであった。

この試作機で、マキシムは一応計画通りの成功を収めることはできたが、何分に出力（馬力）の割には重量が重すぎ、これ以上の蒸気エンジン式飛行機の進歩はなく、彼も以後研究を進めることはなかったと言われている。

このようにケーリー、ピルチャー、マキシムの三人がイギリス近代航空発展のリーダーとして、この国の航空レベルを現状にまで引っ張った功績は誠に大きく、今なお高く評価されている。彼ら三人の存在なくして、今日のイギリス航空の姿はなかったと言っても過言ではないのであった。

かくして、発展の一路を辿る自国航空界の姿に刺激されたイギリス女性たちが空に憧れ、自ら飛行機操縦技術修得に走り始めたのは至極当然の成り行きであった。その一番手として活躍したのはメリー・ヒース夫人である。

16❖英国女性パイロットはスポーツウーマン

――女性第一号はハイジャンプ選手

イギリスの女性飛行家で初めてその名が世界的に知られたのはメリー・ヒース夫人を措いてほかに見当たらない。彼女の最大の飛行実績は、何と言ってもケープタウン―ロンドン間の初飛行である。

彼女はこのほかにも、小型水上機による高度世界記録樹立や飛行機からのパラシュート初降下など、数々の目覚しい飛行経歴がある。

だが、このケープタウン―ロンドン間初飛行ほど、彼女にとって自らの飛行機人生中、最大のイベントとして記念すべきものはなかったのである。

そのメリー・ヒース夫人は一八九七年、アイルランド南東部、リマリック地方、ノッカデリの町で生まれた。

しかし、彼女の幼少期には大きな家庭不幸に見舞われ、必ずしもラッキーな人生スタートではなかった。

それはある日、彼女の父親が錯乱して彼女の母親を撲殺したという、当時この国最大の社会問題として大きなセンセーションを巻き起こした不運な目に遇い、彼女にとっては誠に悲惨な時期をすごしたのであった。

しかし、その後はニューカッスルに近い町の祖父母のもとで育てられ、大きな障害もなく成長していったのであった。

そして、祖父母の愛情のもとで学校も順調に進学し、最後はアイルランド名門、ダブリン大学のマスターコースを修了し、理学士の学位を取得するまでに成人していたのであった。

彼女は生まれつき身体が大きく性格も活発であったため、諸々の職業を経験し、彼女が二十才をすぎたころは世は第一次世界大戦の真最中で、どこの国も多忙であった。そして、この時期に彼女はイギリスに渡り、そこで二年間ほど運送業の仕事に携わり、苦学しながら金を蓄えたのである。

そして、大戦終結後はフランスへ渡り、パリでアルバイト的な仕事をしながら、ジョン・ラベリ男爵に絵を画いて貰ったりして、当時は経済的にも余裕ができ、一人生活を楽しんでいたと言われる。

そしてそのころ、彼女は最初の結婚をしたのである。彼女は何が理由かはわからないが、恐らく彼女の強い性格が主なる理由であろうが、生涯に三度結婚しているのである。したがって、そのときは最初の夫と結ばれたときで、名前もメリー・エリオット・リムとなっていた。

そして、一九二二年になってロンドンに移住した。彼女はそこで、背が高く運動神経が発達していたせいか、英国スポーツ界で見込まれ、女性のアマチュア陸上チームのメンバーの一人に推薦された。そして、やり投げや走り高跳びの選手として好記録を残すなど、立派にスポーツ界でも活躍していたのであった。

その上、イギリスのアマチュア陸上競技会設立の重要な委員の一人にもなって、英国のため、国際的にも大いに貢献していたのであった。

そして一九二五年、彼女は「婦人と少女の陸上競技。いかにして競技者になるか。なぜなるか。」という本を出版したのである。

この本は同年、ＢＢＣから放送した原稿をもとにして書いたもので、女性のスポーツへの奨励とその方法についての指針を示したもので、当時、イギリスでのベストセラーになったと言われる。

このように、彼女は後に飛行家として大を成したが、その前半は一般女性とはちょっと変わった事をやっていたのである。

そして、恵まれた体格と充実した気力を生かして、英国オリンピックにも大きな足跡を残すなど、若いころは立派なスポーツウーマンとしても積極的に自らの人生を歩んでいたことが窺えるのである。

そして、「空」についても彼女の関心がようやく高まりを見せ、次は「空」とはっきりと目標を立てるまでになっていたのである。

そして、そのための飛行訓練は一九二四年ころから始めていた。その後は彼女の人生の最大の業績となった南アフリカーロンドン間の大飛行に向かって進んでいったのであった。

しかし、当時はイギリスでも飛行機操縦免許制度に不備があり、メリー・ヒース夫人も飛行機操縦に必要な免許が得られないという大問題に逢着したのであった。

そこで彼女は早速、その制度の見直しを、こともあろうにイギリス航空省に迫ったのである。

結局、大争論の末、ようやくにして彼女の目的を達することができたのであった。

しかも、それはその後、彼女の後に続く若い女性パイロットたちのためにもなったことは言うまでもなかった。

それは当時、イギリスの飛行ライセンスには「A」「B」の二通りあり、「A」は一般人の自家用機など初歩レベルの低いクラスで、もちろん彼女は難なくパスした。

ところが、「B」は職業飛行や人を乗せて飛ぶ商業飛行に必要な高度の飛行技術が要求されるハイクラスのライセンスで、英国航空省は「女性に他人の生命を預けるわけにはいかない」として、彼女は拒否されたのであった。

そこで、彼女は猛然と異議を申し立て、根気強い交渉の結果、航空当局側から、女性でも「飛行学校で卒業免状を取得し」、その上、当局の決めた「体力テストに合格すること」を条件として引き出すこと成功したのである。

彼女はようやくにしてそれらの条件をクリアし、一九二六年に見事「B」ライセンスを女性として初めて取得し、その第一号となったのであった。

そしてその後は、当時英国の植民地政策の一環として推進中であった、イギリス本国と各植民地間の、主として政治、経済、文化の交流を目的とした飛行ルートの開拓の仕事に、彼女は真っ先に応じたのであった。

そして、早々と準備を進め、その一番目の目標を前記のごとく、ロンドン―ケープタウン間の空路開拓に置いたのであった。

そして、そのための搭乗機として、当時、イギリスの小型機の名機と言われた「アヴァロ・アビアン機（Avro Avian）を入手し、着々とその実現に準備を進めていたのであった。

17❖熱中症に勝てなかったメリー・ヒース夫人

――輝くケープタウン～ロンドン初飛行

メリー・ヒース夫人が自らの人生最大のイベントと位置付けたこのイギリス本国と南ア連邦ケープタウンを結ぶ空路開拓飛行には、当時はまだアフリカについて新しい知識、情報、ましてやアフリカ上空の気象状況など飛行に関するデータはほとんどなく、多くのものが五里霧中の状態と云っても過言ではなかった。

さらに、その横断飛行のための各地の中継地点の建設、整備に至っては皆無に近い状況で、成功の保証は乏しく、横断飛行は極めて難しいというのが当時の一般的見方であった。

もちろん、それを実現するには高度な飛行技術と高性能飛行機が求められたのは至極当然のことであった。

そこで、男性パイロットですら、いかに国策飛行とはいえ、そう簡単に応じる状況ではなかったのである。

ましてや賞金も出ない初飛行とあっては、「二の足」を踏む者がいても不思議ではなかったのである。そんな不安定要素の残る飛行であったが、メリー・ヒース夫人は女性ながら一人応じたのであった。

それは、彼女の男勝りの気性と、何より自分の操縦技術への自信、さらには当時、イギリスで名機の一つに数えられていた愛機、アヴァロ・アビアン機の高飛行性能に限りない信頼を寄せていたからであった。そして、彼女は自分自身にこの飛行こそ我が生涯最大のワークと言い聞かせ、母国、大英帝国の国策推進のため、これを忠実に受け入れる決心をしたのであった。

そのアヴァロ・アビアン機は復葉、復座、効率の良い木製二枚翼プロペラ、エンジンはわずか一一五馬力だが最高時速一六〇キロメートルの小型機ながら、飛行性能がよく、当時、英国でディハビランド・モス機と並び称せられていた小型機の名機の一つであった。

そして、これまでにインド、ビルマ、中国、オーストラリアなどへ、途中は中継点経由ながらも好記録を残した軽飛行機で、イギリスの代表格であった。

彼女はその飛行性能に絶大の信頼を寄せて、各地の訪問飛行や調査飛行など、日常的に乗りこなしていたのであった。

そこで、彼女はこの初飛行を積極的に進めることにして、まず、その飛行方向はケープタウンからロンドンに向かうことにして、このアヴァロ・アビアン機を早々とケープタウンへ移送して飛行の万全を期していたのであった。

だが、その飛行ルートの決定には彼女も慎重であった。

それは、彼女にとってもアフリカは未知であり、詳細な情報も乏しく、それは単に気象や地理的条件に留まらず、何分にも初めての熱帯地方であったからである。

その暑さも、焼け付くような飛行場では格別に応え、彼女はもともと北緯五十度のアイルランド育ちで、暑さには特別弱く、日射病やマラリアなどの熱病に患る心配があったからであった。

その上、滞在日数は短いとはいえ、そこでの食べ物など生活に関する専門的知識もなく、日々の生活にもなお、不安要因が残っていたからでもあった。

また飛行ルートについても、アフリカ中部の赤道以北、アルジェリア、リビアなど地中海に面した国々でも、その内陸部は殆どが砂漠地帯で、上空には砂塵を巻き込んだ強い季節風があり、エンジン、機体に故障が起こりやすい。

しかも、一旦故障しても、適当な不時着地がほとんど整備されておらず、小型機の横断飛行は無理と専門家に言われていたのである。

それに比べ、アフリカ東部ではその心配は少ない。

そこで、彼女はアフリカ東部通過を方針と決めたのであった。つまり、ケープタウンを出発して、ジンバブエ、モザンビークなど、アフリカ東部内陸地帯を横断してカイロに至り、そこから地中海上空を飛んでフランスに入り、ロンドンへ帰着するルートを決定したのであった。

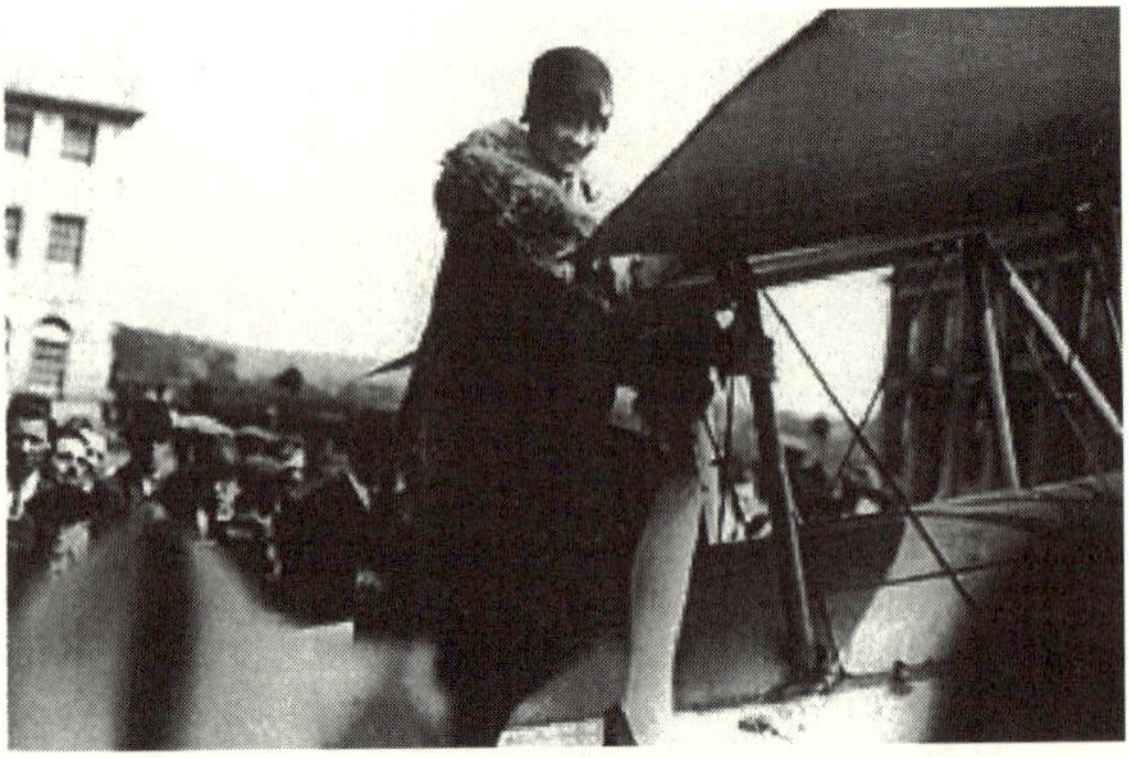

ケープタウンからロンドン帰着直後のメリー・ヒース夫人
（クロイドン空港、1928 年）

このコースが安全性が最も高く、しかも、カイロからヨーロッパ内陸部へ入るより距離が短縮されるメリットもあり、彼女はこの大飛行にふさわしいルートと判断したのであった。

ところが、ここでもう一つ問題が起こったのである。それは、この地中海上空通過に対し、なぜか肝心の英国航空省から拒否されたのであった。その理由の詳細は不明のままであるが、恐らくどこか国防上の問題であろうと思われるのである。

そこで、彼女はやむをえず、当時のイタリア首相、ベニト・ムッソリーニに直接願い出て、地中海上空の彼女の飛行機をエスコートすることを依頼したのであった。

ムッソリーニ首相は彼女の使命とその熱意に動かされ、彼女のアヴァロ・アビアン機をエスコートして地中海上空を通過することを許可したのであった。

ここでも、彼女の男勝りの意志の強さを垣間見ることができるのである。

これで、彼女にとってロンドンまでの飛行障害は全部解消されたのであった。スポーツで鍛えた身体と強い意志、それに何事にも前向きにことに当たる彼女の性格などが、この生涯の大飛行の実現に継がったことは言うまでもなかった。彼女はようやくにして晴れ晴れとした気持ちで出発の日を待つことができたのであった。

そして、いよいよ出発の日。一九二八年二月十五日、彼女は満を持して愛機、アヴァロ・アビアン機のオープンコックピットの人となったのである。

真夏の南アフリカは暑い。ケープタウンは浜辺にあっても日中は優に三十五度を越す猛暑である。彼女は出発前、その暑さに加えて気分の昂揚と極度の緊張で身体はすでに疲れ切って、ギリギリ状態であった。だが、彼女は最後の打ち合わせにも熱心に耳を傾けていた。彼女にとっては、何分にもアフリカは初めてのことであり、この飛行の成功を神に祈らずにはいられない気持ちであったであろうことは想像に難くはない。

そして、出発。

彼女は万感の想いを込めてケープタウンを離陸したのであった。

愛機、アヴァロ・アビアン機は快調で、やや低い高度で飛行を続けた。そしてまず、南アフリカの首都プレトリアへ飛び、そこからジンバブエのブラワーヨへ向かっていた。だが、その途中で、彼女は頭が重く、目まいを感じ出したのであった。やはり、暑さのせいで、当初彼女が心配していたことが早々と起こってしまったのであった。

そのことについて、彼女の飛行状況を逐一報じていたニューヨークタイムズは二月二十八日付けで「彼女はコックピットで目まいを起こした」と早速報道していたが、その通りの「暑さ負け」による熱中症に患ってしまったのであった。

気温の低いアイルランド育ちの彼女にとっては予想通りのこの地の熱病によるものであった。

それは離陸前から少し感じていたことではあったが、気丈な彼女はそのまま出発したのであった。

そこで、彼女はこのままでは安全な飛行は難しく、どこかに不時着陸せざるをえないと判断し、眼下に広大な草原を見付け、そこへやっとのことで不時着に成功したのであった。そしてすぐエンジンを停めた。

「そこまでは記憶しているが、それ以後はどうなったかは一切わからなかった」と彼女は後日、語っていたが、その時の彼女の体調はギリギリの極限状態に陥っていたことが窺えるのである。

そして、彼女は集ってきた現地の人々の手で近くの小屋に運び込まれ、そこで冷えたドリンク剤を飲まされ、しばらくたってからようやく気を取り戻すことができたのであった。彼女は誠に幸運であった。そして、親切な多くの人々の世話で、しばらくこのまま休養して体調を回復させ、飛行の日を待つしかなかったのであった。

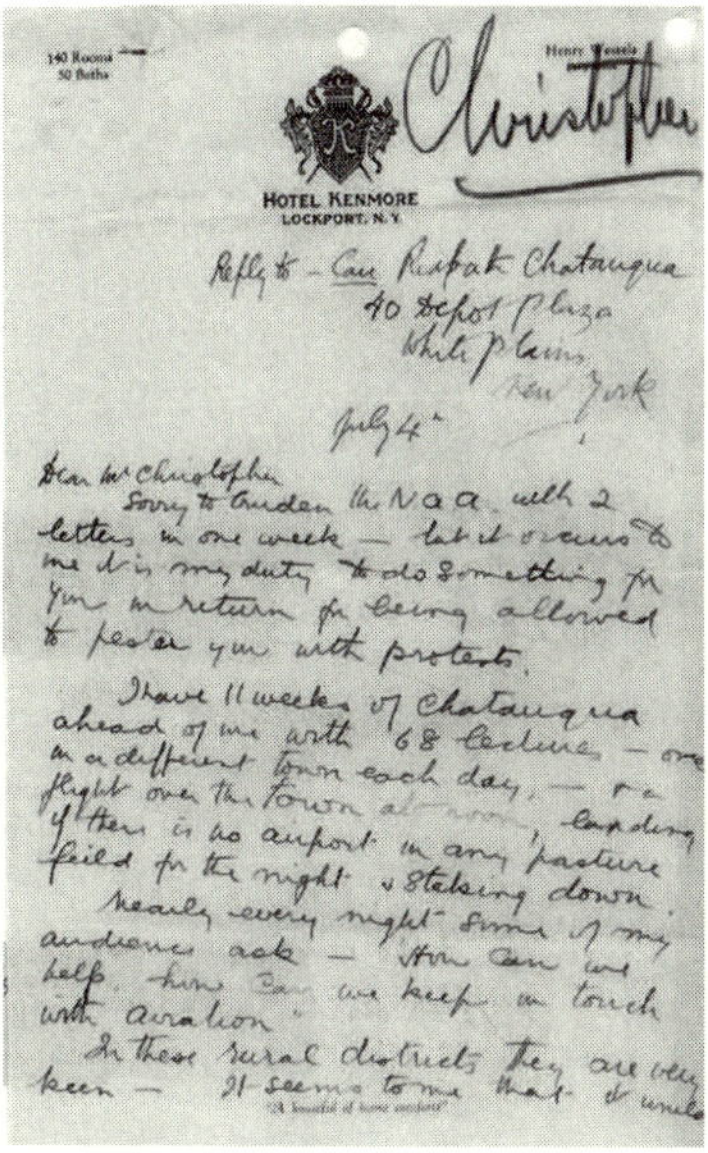
140 Rooms
50 Baths
HOTEL KENMORE
LOCKPORT, N. Y.
Christopher

Reply to – Care Redpath Chatauqua
40 Depot Plaza
White Plains
New York

July 4th

Dear Mr Christopher
Sorry to burden the N.A.A. with 2 letters in one week – but it occurs to me it is my duty to do something for you in return for being allowed to pester you with protests.
I have 11 weeks of Chatauqua ahead of me with 68 lectures – one in a different town each day, – & a flight over the town at noon, landing if there is no airport in any pasture field for the night & staking down.
Nearly every night some of my audience ask – How can we help, how can we keep in touch with aviation.
In these rural districts they are very keen – It seems to me that it would

高度新記録樹立時に航空クラブへ提出した
メリー・ヒース夫人の手紙

それから二、三日後、ようやくその日を迎え、彼女は人々の手篤い看病に心からの感謝のお礼を述べ、再びカイロを目指して飛び立ったのであった。

しかし、小型飛行機の長距離飛行にはしばしば燃料補給の必要があり、かつ、故障修理も当然起こる。そのため飛行日数が延びることはやむをえず、彼女は当初の計画ではこの飛行日数を約三週間と予定していたが、ロンドンのクロイドン飛行場に帰着したのは何と五月二十八日で、約三ケ月に及ぶ長丁場になってしまったのであった。

だが、このケープタウン―ロンドン間初飛行の成功はビッグニュースとしてイギリスはもちろん、当時全世界のメディアで報道された。それはアメリカでも多くの人々の耳に入り、ニューヨークタイムズはトップ記事に「イギリスの女リンディ」（イギリスの女性リンドバーグの意）として、詳細な飛行記事を伝え、多くのアメリカ人、特に若い女性たちに与えたインパクトは大きく、彼女の名は瞬く間に知れ渡ったのであった。その大飛行の甲斐で、その年（一九二八年）の末、彼女のアメリカ訪問の際には、多くの人々の盛大な歓迎を受け、さらにときの第三〇代アメリカ大統領クーレッジ(Coolidge) 夫妻の丁重なる招待をも受けたのであった。

彼女は初めて、外国の元首から自らの飛行業績に、過大な歓迎祝宴でもてなされたのであった。このように、彼女のパイロットとしての業績は世界的に高い評価を受けることになり、彼女の女性飛行家としてのステータスは確立され、今やイギリスきっての名パイロットの名をほしいままにしたのであった。

彼女のわずか四十二年間の短い飛行機人生の中で、このときがまさに絶頂期にあったと言えるのであった。

また、彼女のアヴァロ・アビアン機はその後もしばしば補修を加えながらも、メリー・ヒース夫人の愛機として、日々の飛行に使われていたことは言うまでもない。だが、その後は同じ一九二八年のわずか一ヵ月後、六月十八日、前記のごとく、友人たちとフレンドシップ号で初の大西洋横断飛行に成功した米国女性パイロット、アメリア・イアハートがロンドン訪問したとき、彼女に譲り渡す約束をしたのである。

したがって、それ以後はアメリアの乗機としてボストン上空を飛び、アメリカ各地の訪問飛行など、彼女が大西洋単独横断飛行のためロッキード・ベガ機を購入するまで、アメリアの愛機として使われていたのであった。

また、このケープタウン―ロンドン間初飛行の彼女の体験記録はその後出版され、若い女性パイロットのバイブル的資料として多くの人々に読まれてきたのは至極当然の成り行きであった。

そして、メリー・ヒース夫人はその後も世界の航空界で活躍していたが、その中でもう一つ彼女の目覚ましい業績は、小型飛行機による飛行高度の世界記録樹立である。

それは、同じ一九二八年、彼女のケープタウン―ロンドン間初飛行の三ヶ月後、七月十一日のことであった。

その日、彼女はロンドン郊外、ロチェスター飛行場を離陸して、その上空で高度一万三〇〇〇フィート（約三九〇〇メートル）の小型機による世界記録を達成したのである。

搭乗した飛行機はムッシェル型、全金属製の機体に、有名なサイラスエンジンを搭載した小型水上飛行機で、この記録はＩＡＦ（国際飛行協会）後援のもとに行なわれた公式記録会で樹立された立派なものであった。

彼女はその日の午後十二時二十五分に同飛行場を離陸し、午後二時十四分着陸。その間約一時間五十分の滞空でこの世界記録を達成したのであった。

律儀で正直な気性の彼女は、その時の高度記録紙をＩＡＦへ提出し、その承認を求めたのである。そして、そのデータに添えた彼女の手紙には、彼女がこの時使用した高度計の性能の素晴らしさを述べ、以後、イギリスの航空機にはこの信頼性の高い高度計の使用が望ましいことなどを提案しているのである。

奇しくも、そのときの彼女の手紙はイギリス航空博物館に保存されて、今も人々の称賛を浴びている。そしてその後、彼女は再度小型機による高度記録に挑戦し、その時は一万七〇〇〇フィート（約五一〇〇メートル）に達し、これも世界記録に認められ、彼女は二つの世界記録保持者に認定されたのであった。これらの高度記録は共に一九二八年の後半に行われていたが、同じ時期に彼女は女性パラシュート降下第一号にもなったとニューヨークタイムズは一九二九年一月五日付朝刊で報じている。

それは、彼女の重要な業績であることは言うまでもなく、当時、世界的に飛行機は発達過程にあり、当然、多発していた墜落事故の際、パイロット救助の最も有効な手段としてパラシュート降下技術は必要欠くべからざるものとなっていたからであった。

しかし、飛行中のコックピットからの身体を躍らせて脱出・降下することは極めて難しく、そう簡単に誰でも実行できる業ではない。それは男性パイロットですら容易にできる技術ではなかった。だが飛行適応性が高い彼女は敢然と挑戦、見事、開傘に成功した。だが、折り悪く、フットボール会場に降下したため、人々に「天から人が降って来た」と大騒ぎされたという。彼女は女性落下傘降下第一号となり、名声が一段と高まっていったのである。そのころ彼女は一九二八年ジェームス・ヒース男爵と二度目の結婚をしている。このパラシュート技術が、飛行中の事故での人命救助を確実にした功績は誠に大きく、彼女の生涯にわたる数々の飛行実績は真に称賛に値するものであった。だが、その翌一九二九年、女性だけのクリーブランド飛行大会にはその直前、不運にも骨折事故で出場できなかった。

だが、気丈な彼女はすぐそれにも立ち直り、飛行と乗馬も楽しむ毎日であったと言われている。

彼女は前述のごとく、生涯に三度の結婚をしており、その家庭生活は平穏とは言えず、波乱に富んでいたかに窺えるが、一九三〇年になって三人目の夫、G・ウイリアムと故郷ダブリンへ帰った。

そして、そこでも各種のイベントに出場して見事なフライトを披露していた。また、その傍ら、彼女自営の航空関係の仕事を興して、現地の人々への航空思想の普及にも力を入れて、故郷への恩返しのつもりで尽力していたのであった。

このように彼女の人生は、その後も飛行機一辺倒になりながらも、日々の生活は夫とともに結構、エンジョイしていたかに見えたと言われている。

そして、彼女の四十二年間にわたる少々短い人生の最後は、飛行機パイロットの宿命とも言える飛行機事故ではなく、何とも街での交通事故であった。

それはある日、ロンドンに出てのショッピングの途中のことで、何とも運悪く、街中で乗った二階建てバスから降りる時、ステップから滑り落ち、脚を骨折するなどの大ケガを負ったのであった。もちろん、病院に運ばれたが、彼女にとっては何とも不運な目に遭ったというほかなく、結局、彼女はそこで永い入院生活を余儀なくされながら、遂に四十二年間の人生の幕を降ろしたのであった。人間の運命ほどわからないものはない。その後の話では、当時、なぜか彼女の最期を知る人も少なく、淋しい結末であったと言われている。

日本訪問のビクター・ブルース　（1930 年）

しかし、これまでにも述べたごとく、彼女が生涯に残した数多くの飛行に関する業績は誠に素晴らしく、その輝く飛行機人生は今も多くの人々の称賛を浴びており、イギリスが誇る不世出の女性飛行家であったと言えよう。

そして二〇〇四年、アイルランドのダブリン新聞、アッシュフィールドプレスは、彼女を故国の輝きとして、改めて「イカロス夫人」の尊称を追贈し、この女性大飛行家の功績を全世界に顕彰することを忘れなかった。

18❖後に続くヨーロッパ女性パイロットたち

――ビクター・ブルースとエミー・ジョンソンの功績

このように「イギリスの女リディ」と称賛されたメリー・ヒース夫人が全世界の女性に与えたインパクトは誠に大きく、女性達が目覚め、イギリスはもとよりフランス、ドイツはじめ、ロシアでも、続々と女性パイロットが誕生した。そして、新しい空路開拓や各種の調査飛行などの仕事に携わり、女性飛行家の社会的評価は向上の一途にあった。

そして、さらにはプロとして、スピード、高度、距離などの各種の競技会にも出場して、次々と記録を更新し、自らの飛行技術の研鑽にも励む者が現れた時代でもあった。

エミー・ジョンソン（イギリス）シェフィールド大学卒業後飛行士に（1903-1941）

飛行服姿のエミー・ジョンソン

これほどまでにイギリス女性たちが飛行機に関心を高めた理由は何か。その一つはやはりこの国独特の人々の資質にあり、皆、理化学に強く、古くから大科学者を数多く輩出した民族的特質にあると思われる。

そして、何事にも理論的にものを考え、発明、発見、新しいものを作り出す能力に優れていることであろう。それは女性たちにも同じで、爆発的に発展し、速くて便利な機械文明に憧れ、特に自動車の発展で、女性たちがその速度に快感を覚えた。それがより一層速い飛行機に繋がり、早々とそのスピード競技に出場する者さえ出てきたことであろう。中でも有名だったのは、ビクター・ブルースという若くて元気なイングランド女性であった。

もちろん、彼女も一九二〇年ころにはすでに自動車のスピードレースにレーサーとして活躍していた一人で、乗り物のスピード感覚には滅法強い女性であった。初期にはボートレースにも出場していた。ところが、人それぞれの運命ほどわからないものはない。彼女も初めは前述のごとく自動車のレーサーであった。だが、もともと飛行機にも早くから格別強い関心を持っていて、そのため自動車のスピードではもの足らず、ついに飛行機のライセンスを取得したのである。そしてそれ以降は連日、飛行機のパイロットとして一層の操縦技術の腕を磨き、各種の飛行機競技会に出場していたのであった。

そんな彼女の性格は若いときから活発で、個性が強く、体力もあり、女性飛行家の素質は十分で、イギリス女性飛行家の草分け的存在の一人として数々の飛行実績を残していた。それはメリー・ヒース夫人と同じころのことであった。彼女の主なる飛行実績としては、彼女もパイロットになるや、まず英国植民地開拓促進の国家的使命には痛く共感し、気鋭の彼女は早々と国策推進のための空路開拓に積極的に参加し、大英帝国の繁栄に大いに貢献したのであった。さらに、彼女はその傍らグローバル的な空路の開拓を目指し、一九三〇年（昭和五年）には日本訪問をも果たしているのである。

それは、彼女がかねてからの計画であった世界一周飛行のコースの一部として日本訪問が実現したもので、女性ながら初の日本訪問飛行の偉業を成し遂げたのである。

そのとき使用した飛行機は復葉の小型機で、彼女が平素から自らの飛行訓練に乗りまわしていたもので、ブラックバーン式のブルーバード型軽飛行機であった。

そしてその飛行は、一九三〇年九月二十五日、ロンドンのハンワース飛行場を出発。ウイーン、ブタペストなど東ヨーロッパを飛び、トルコのコンスタンチノープルからカラチ、ハノイ、香港の経由でアモイ、上海、更に朝鮮の木浦、京城（現ソウル）を経て、大阪に到着したのであった。そして、ロンドン出発から約二ヶ月後、十一月二十四日、ようやく立川到着。全飛行距離約一万二〇〇〇キロメートルを見事に翔破したのであった。

もちろん、ビクター・ブルースはこの飛行で日本―イギリス間を飛んだ最初の女性パイロットであり、日本側の官民挙げての盛大な歓迎ぶりは言うまでもなかった。

彼女はその後、彼女の当初の目的、世界一周飛行完結のため、愛機ブルーバードを分解し、それを横浜から船でバンクーバーへ運んだのであった。

つまり、当時、大西洋・太平洋の二つのオーシャンの横断飛行はまだ行なわれておらず、彼女の世界一周の旅も二つの大洋横断には船に頼るしか方法がなかったのである。

したがって、世界一周飛行と言っても、当時はまだ飛行機だけでは不可能で、当然、船との併用の時代で、時間に拘束されない、いわば悠長なものになったのはやむをえないことであった。

しかし、途中の厳しい気象条件に翻弄されながらの飛行はまさに言語に絶する、いつ生命に係わる事故が起きてもやむをえない状況であった。したがって「いつでも」「誰でも」できる訳ではなく、皆、命をかけての大冒険飛行で、人々が「逃げ腰」になることが多かったのはやむをえないことであった。

まして、女性では飛行技術、体力の面で到底無理と言わざるをえず、ビクター・ブルースの男勝りの根性には驚嘆の他なく、飛行中の彼女の身体には、女性ながらもまさにイギリス大航海時代の「ネービー・スピリット」が渦巻いていたに違いないと思われるのである。

かくして、日本訪問を終えた彼女は愛機をバンクーバーで再度組み立て、アメリカ大陸を横断。そして再び船で母国イギリスへ送り、やっとのことで世界一周の初志を完結したのであった。

これが、飛行機と船の併用であったが、女性による最初の「世界一周の旅」であった。

このブルーバード機は、後日、我が国でもその国産化が試みられた経緯がある。

つまり、当時、この優れたイギリス、ディハビランド社の軽飛行機の製造実施権をM重工社が、現物一機とともに買い取り、肝心なところを日本式に改造し、軍用機として陸軍に採用され、九三式攻撃機として実戦に活躍したと言われる名機の一つであった。

このように、このイギリス女性飛行家ビクター・ブルースの見事な「世界一周の旅」は、その後の我が国航空界の近代化にも大きな貢献をもたらす結果となり、女性パイロットによる意義ある大飛行の旅であったと言うべきであろう。

また、イギリスでは第二次大戦の最中、単独長距離飛行の女性パイロットがいた。

彼女の名は、エミー・ジョンソンといい、一九二九年六月、母国で飛行ライセンスを取得した後、自らの操縦で各地を訪問飛行していた。

もともと彼女はタイピストで、平素はオフィスで働く普通の心やさしい女性事務員であったが、平素から進歩的な考え方の持ち主で、普段はオフィスで仕事をこなしながら、その余暇を縫って小型飛行機の操縦練習にも励んでいた近代的な女性であった。

彼女はディハビランド社のモス型機を愛用し、日々この復葉の小型練習機で訓練を重ねていた。その結果、約一年余りですっかりモス型機の名パイロットと言われるまでに上達していたのである。

そして、彼女が女性飛行家として名を知られるようになったのは、ロンドン—ダーウィン間の初飛行に成功してからであった。

この飛行も、当時、イギリスの植民地政策の一環として、イギリス本国とオーストラリア間の空路開拓の一翼を担ったものであった。

そこで、彼女は平素使い慣れた中古のモス機に補助燃料タンクを増設して過重燃料を搭載して、一九三〇年五月七日、ロンドン郊外のクロイドン飛行場を出発し、彼女単独で一路ダーウィンへの長途の旅についたのであった。

もちろん、飛行中、彼女はオープンコックピットに座ったままで、過重燃料を搭載した飛行機の離陸ほど難しいものではなく、西風の強いロンドン郊外ではなおさらであった。その日、彼女は使い慣れたモス機（復葉、復座、ディハビランドＤＨ八〇馬力エンジン搭載）を巧みに離陸させることに成功した。

だが、途中は、モンスーン、砂嵐など厳しい東南アジア特有の不順な気象条件に悩まされながらも、不屈の気力で克服し、見事、十八日間で、五月二十四日、ダーウィンに到着したのであった。飛行距離一万二〇〇〇キロメートル。

これも、当時の女性飛行家の業績として特筆されるべき大飛行であった。

そして、彼女も日本訪問飛行を果たしているのである。

それは、その翌年、一九三一年のことであった。彼女はこの日本訪問飛行に備えて、同じモス型の新鋭機を購入し、平素、操縦の指導を受けていたハンフリー飛行士をフライトエンジニアとして同乗させ、彼女はシベリア経由の空路を選び、同年七月二十八日、ロンドンを出発。途中、ベルリン、モスクワ、オムスク、イルクーック、ハルビン、奉天（現瀋陽）、京城（現ソウル）を経由。途中、十九ヶ所で給油・補給をしながらようやくにして岡山に到着したのであった。そして八月六日、見事立川に着陸したのであった。

エミー・ジョンソンのこの日本訪問飛行は、東まわりのシベリア上空の偏西風が追い風となり、比較的早く、十日間でシベリア上空飛行に成功したのであった。

このイギリス女性飛行家の快挙に対してはこれより

アルフォンス・ペノー
（フランス、1850-1880）

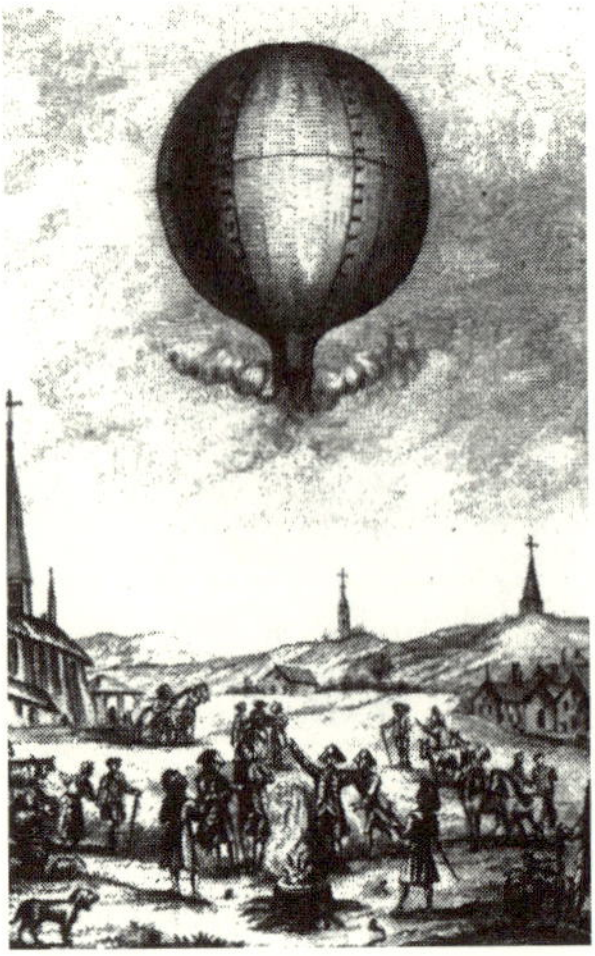

モンゴリフェ兄弟の煙気球の初飛翔　（フランス、1782 年）

一年前のビクター・ブルースのときと同じように、当時まだ飛行機の開発途上中にあった我が国の政府および飛行機製造会社などの歓迎ぶりが盛大を極めたのは当然のことであった。それはこの飛行によって、当時イギリス最大の飛行機メーカー、ディハビランド社の飛行機製造技術を数多く学び取ることに成功したからであったことは言うまでもない。

そして、彼女たちの帰国は八月二十四日、立川を出発。訪日と同じシベリアコースを今度は逆に西まわりで飛び、九月九日、飛行日数十七日間で無事ロンドンに帰着した。飛行日数は西まわりで偏西風が逆風となり約一週間余計にかかったが、イギリス女性飛行家の操縦技術の高さを全世界に誇示する結果となり、エミー・ジョンソンの名は一躍世界的に知れわたり、彼女は万丈の気を吐いたのであった。

彼女のこの飛行は先年のビクター・ブルースより一年遅かったが、飛行ルートが短いシベリア経由のため、時間が大きく短縮されていた。さらにわずか一年余りの差ではあったが、その間の飛行機の進歩が著しく、その飛行機技術の発展にも負うところが大きかったのである。

それほど当時の飛行機進歩のテンポは速かったのであった。そしてまた、このエミー・ジョンソンの日本訪問は、シベリア上空の往復飛行によって新たにシベリア空路開拓に大きな効果を生む結果となり、その意義は極めて高く評価されたのであった。

19❖陽気なパリ娘の飛行家たち

――エレナ・ブーシェとマリー・ヒルス

フランスは今も昔も航空大国である。

つい先年まではマッハ2の超音速旅客機コンコルドを飛ばし、今はそのエアバスインダストリ社を頂点に、ダッソー、エアロスパッシャルなどがアメリカ航空機メーカーと並んで世界の航空シェアを二分する発展ぶりである。

昔も十七世紀ころから数多くの先覚者の活躍で、やはり世界のトップグループにあった。

フランスがこれほどまでに航空大国の座を占めるようになったのは何か。

十七世紀後半、イギリスはかつての産業革命で、各種の機械を発明し、人間の労働力を機械力

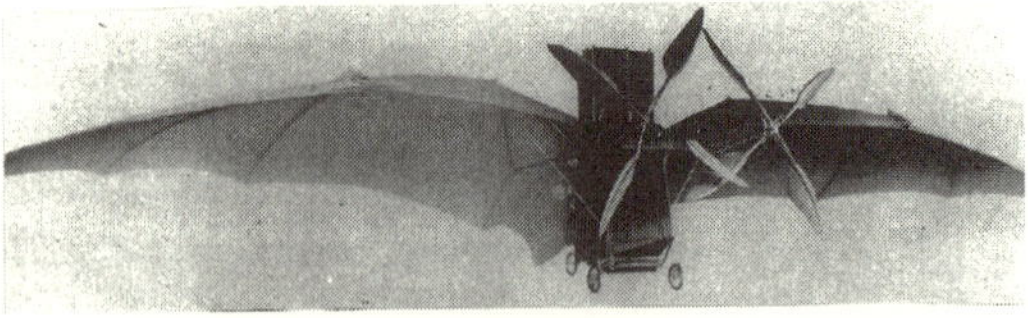

オエール号（こうもりの意）

サントス・デュモンの箱型飛行機ビス 14 号
（50 馬力アントワネットエンジン付）（1906 年）

に置き換え、日常生活での無用のエネルギー消費を解消し、社会の発展に大いに貢献した。

ところが、フランスではそのような日常生活に大きな変動をもたらした革命的なものはなかった（フランス革命は政治革命が主題であったと言われている）ものの、もともとこの国は地理的に恵まれ、地中海の温暖気候に育まれた陽気で解放的な国民性から、印象派など優れた芸術を新たに創造し、かつ、斬新な発想をもとに数多くの基礎科学の発展が目覚ましかったことが最も大きな要因と言われている。

つまり、フランスでは数多の物理、化学者を輩出し、彼らがフランス産業発展の基礎を造り上げたと言っても過言ではないのである。

例えば、夫、ピエール・キューリーと協力して金属ラジウムの分解に成功し、一九〇三年、女性初のノーベル化学賞に輝いたポーランド生まれのマリー・キューリーの業績は、いまも多くの女性科学者の象徴的存在として輝いている。

さらに航空分野では、一七八七年には「シャルルの法則」で有名なジャック・シャルルが、水素気球「シャリエール号」の浮揚に成功し、その後の気球、飛行船の基礎を作り上げた功績は顕著であったことは前述の通りである。

また、一八八〇年ころ、アルフォンス・ペノーは幼少時から空には特別の興味を覚え、早ばやと水上飛行機やゴム動力式模型飛行機「プラノフォー」のアイディアを発表し、また、プロペラの研究でも当時の人々の称賛を浴びていた。だが、残念なことに彼は生来、重い胸の病を苦にして、ついに自らの生涯を絶ったのであった。ペノーの死はフランスにとっては誠に惜しまれる若き英才の喪失となったのであった。

ヴォアザン兄弟の箱型飛行機（1909年）

また、それより少し前、一七八二年にはモンゴリフェ

アルベルト・サントス・デュモン飛行船
エッフェル塔周回飛行に成功（1901年）

兄弟の煙気球（熱気球）の浮揚実験が有名で、彼らはときのフランス国王ルイ十六世と同妃マリー・アントワネットに激賞された。これがフランス気球の始まりで、その時、前述のごとく、LTAの基本的な理論概念が得られたことは誠に貴重であった。

このようにフランスでは十七世紀後半から十八世紀にかけて、近代航空の黎明期における基礎が確立されて、その後の航空発展に大いに貢献したのであった。

そしてフランス初期の飛行理論を実機にして飛行距離はわずか五〇メートルそこそこにすぎなかったが、とにもかくにも空を飛んだのは（その証人もいたと言われる）クレマン・アデールが試作した「オエール号」（こうもりの意）であった。彼はこの実績で「フランス航空の祖」と人々の尊敬を受けていたと言われる。

その後のフランス航空界は、アメリカに於けるライト兄弟の「フライヤー号」の進歩に刺激を受け、その発展のテンポを速めていった。

その中で最もよく知られているのは、父親が「ブラジルのコーヒー王」と呼ばれ、富豪であったサントス・デュモンが試作した、箱型機体の「十四ビス号」である。彼はこの試作機でパリのサンクール広場で約二二〇メートルの飛行に成功した。この高度約五メートル、飛行時間約二十一秒であった。この飛行が最も有名で、彼はこのとき、「空飛ぶ機械」を初めて見た大勢のパリの人々にヤンヤの喝采を浴びたことは言うまでもない。

愛機の前のエレナ・ブーシェ（フランス）

この飛行はライト兄弟のフライヤー号による「人類初の動力飛行」からわずか三年後のことで、これが「ヨーロッパ人類初飛行」と言われ、彼にはそのとき、賞金一五〇〇フランが与えられた。

その後、一九〇八年になって、補助翼の原理を創出したアンリ・ファールマンが、当時すでにフランスで有名飛行機屋であったヴォアザン兄弟と共同制作した

「ファールマン・ヴォアザン機」で、「ヨーロッパ初の周回飛行」に見事成功し、飛行機の飛行安定性を一段と高めた補助翼の効果を示した功績は極めて大きいと言えるものであった。

また、ファールマン兄弟は、その後、一九一一年に「ファールマン式水上機」の開発にも成功を収め、フロート付飛行機（水上機）の基礎研究にも大きな足跡を残した。

水上機については、当時、アメリカでは、「カーチス水上飛行機」が発表されており、期せずして東西同時期に世にユニークな水面発着の飛行機が発表されたのであった。

この水上機の原理が第二次大戦中の大型飛行艇の誕生に大きく貢献したことは言うまでもない。

さらに、フランスでは、著名な飛行家、ルイ・ブレリオの功績が光っている。

彼も早くから安定したグライダー開発に意欲を燃やしていた一人であったが、前記のごとくライト兄弟が「フライヤー号」に改良を加えて製作した「フライヤーA型」の技術が優れていることに大いに刺激され、「撓み翼」などの進歩的な技術を取り入れて、早々と「ブレリオXI型機」を作った。そして、これで彼は一九〇九年七月二十五日、真夏の早朝、ライバルのユーベール・ラタムを出し抜いて、ドーバー海峡横断飛行に挑戦し、見事一番乗りに成功したのであった。

その日、彼は前日の嵐とは嘘のように晴れたたドーバーの空を飛んだのである。カレーを離陸し、その日、フランスの駆逐艦支援のもとでの飛行であったが、見事ドーバー海岸の断崖上に胴体着陸し、世界中の人々の称賛を浴びたのであった。飛行時間わずか三十二分であった。

彼にはこのドーバー海峡初横断飛行で、イギリス新聞社のデイリー・メール賞金一五〇〇ポンドが授与された。

このように、近代航空の初期におけるフランスの飛行家の活躍は誠に見事と言うほかなく、世界の頂点に立っていた。この航空界の発展に刺激されたフランス女性たちが一層飛行機に意欲を燃やし出したのは言うまでもなかった。

元来フランス女性たちが空に興味を覚え出したのは、前述の水素気球「シャリエール号」の成功からで、これに人々が搭乗し「空中散歩」ができるようになってからであった。

彼女たちは気球に初めて乗ったことが病み付きになり、皆、空中飛翔の快感が忘れられなかったのであった。

しかし、前述のように、気球より速度の速い飛行機が次々と登場するや、彼女たちはもう一も二もなく飛行機の方に飛び付き、皆、パイロットライセンスを取り始めたのであった。

しかも、フランス航空局は解放的で、当時、アメリカでは禁止されていた黒人たちにも門戸を開放しており、彼女たち女性が飛行ライセンス取得に資格上の差を付けられることは一切なかったのである。

かくして彼女たちは高性能の新型機が次々と高度、速度、距離などの記録を更新するや、もう彼女たちもたまらず、ついに自らも更なる記録に挑戦したいという元気いっぱいのパリ娘のパイロットが現れ出したのであった。

その一番手として挙げられるのはまず、エレナ・ブーシェであろう。

彼女も早い時期から空中飛翔に夢を馳せたフランス娘の一人であった。

彼女は一九一四年から始まった第一次大戦中から長距離速度記録など、女性ながら数々の記録を作っていたのである。

中でも光っていたのは、当時フランスで飛行レース用として開発された軽飛行機、「コードロンC450」で作った長距離速度飛行記録であろう。

当時、この競争用軽飛行機の操縦はなかなか難しく、これをうまく乗りこなすことができたのは男性パイロットでも少なく「女性では彼女一人であった」というこの「C450」のテストパイロットの証言があるほどで、いかにこの競争用軽飛行機の操縦が難しいかが窺えるのである。

そして、彼女にとっても、日々の飛行訓練がどれほど辛く体力的にも厳しいものであったかがよくわかるのである。

それゆえ、これをこなした彼女は、当時フランスきっての名女性パイロットと称賛されていたのは当然であった。

その名誉ある長距離速度記録は一九三四年に樹立されたもので、時速四五〇キロメートルで、当時の最高速度であった。

彼女はその後も速度記録更新を目指して日々の訓練に明け暮れていた。
だが、その約三ヶ月後、一九三四年十一月、南フランス、マルセーユ上空での訓練中、機体の故障が原因で、不運にも墜落死を遂げたのであった。

このフランスきっての名女性パイロットの死がフランス女性に与えたショックの大きさは言うに及ばず、全世界の女性飛行家の涙を誘ったのであった。

また、フランス航空界にとっては、まさに余人をもって替え難いパイロットを失うという誠に痛切極まりない事故であった。

切手になったエレナ・ブーシェとマリー・ヒルズ （フランス）

フランス政府は、彼女が生前フランス航空界に尽くした功績を讃え、レジオン・ド・ヌール勲章を追贈し、その死を悼んだのであった。

そして、このエレナ・ブーシュと同じように女性ながら飛行高度記録の更新などに挑んだのは、マリー・ヒルズであった。

彼女は機転のよく利くパリ娘であったが、彼女も早くから飛行機に興味を持ち、操縦技術の訓練に励んでいた。そして、フランスをはじめ近隣諸国の訪問飛行を楽しんでいた。

そして、エレナ・ブーシェと同じように長距離速度記録の更新に挑んでいたが、彼女は特に高度記録に意欲を燃やしていたと言われる。

ところが、面白いことに、彼女は東洋の国々に興味を持っていたと言われ、大の親日家でもあったという。そして二度の日本訪問を果たしているのである。

その最初は一九三三年四月一日、彼女はファールマンF190、飛行機に男性のフライトエンジニア同乗で、パリ、ブールジェ飛行場を出発。約二週間かけて南まわりで、四月十六日、見事羽田に到着したのであった。

彼女は日本滞在中、この異国の女性パイロットに対する日本国民の大歓迎を受けたことは言うまでもなかった。

また、当時は世界各国間の政情が極めて不穏の状況にあり、日本はすでに日中戦争の渦中にあった。

しかし、この遠来の女性パイロットの見事な訪日フライトと、フランス航空技術の発展状況などを直に見ることができる絶好のチャンスでもあり、日本側は官民挙げて大歓迎したのであった。

二度目の訪日は、その翌年（一九三四年）一月二十六日、前回からわずか十ヶ月余りのことであったが、大好きな日本の再訪飛行に成功したのであった。

この時、彼女は「ブレーゲ二九型機」を使用し、今回も単独ではなく、男性フライトエンジニアとの同乗飛行であった。

この「ブレーゲ二九型機」は、フランス空軍の偵察機と同型で全金属製、単葉高翼であった。飛行コースは前回同様、南まわりであった。

しかし、このときはあいにく途中が悪天候で終始飛行に苦労を余儀なくされ、おまけに機体の故障でしばしばストップし、修理に長時間を要する羽目になった。

しかし、ねばり強い彼女は不屈の精神で飛行を諦めることなく、約一ヶ月半かかって三月六日、やっと羽田に到着した。

そして、このときは二度目の訪日でもあり、何人かの男女日本人を関東一円の遊覧飛行に招待し、日本、フランス両国の親善にもつとめて、彼女の好意に多くの日本人は感謝の気持ちでいっぱいであったと言われる。

特に注目されたのは、このときの招待客の中には二、三人の芸者さんも含まれていて、期せずして日本、フランスの華やいだ女性交歓会にもなったと言われ、意義ある女性フライトであった。

そしてその後、彼女は前述のごとく、高度飛行レースにも参加し、輝かしい記録を残していた。

その一つは、訪日の翌一九三五年、モラン・ソルニエ戦闘機を高空飛行試験用に改造して、同

父、兵頭林太郎

二宮忠八像（1866-1936）
香川県仲南町樅の木峠

年六月十七日、高度一万メートルを突破する女性最高高度の記録を見事に達成したのであった。

そしていま一つの高度テストは、一九三六年、ポーテス50ＢＩＳの改造機で、同年六月二十三日、男性高度記録にはわずか一三三メートル及ばずの一万四三一〇メートルに達した。

これはもちろん当時の女性では最高の高度記録であった。

このように彼女は普通の男性パイロットでも及ばない高度と速度の最高記録を残した、まさに「飛行機の申し子」のような存在であった。

そして、彼女こそ、明るくて陽気な名花のようなフランス女性パイロットということができるのであった。

20❖華開く大和撫子の初飛行

――兵頭精の苦節

①伊予は航空メッカか

青い国、四国は山国である。

中でも伊予は四国一番の霊峰、石槌山（一九八一メートル）を背に全面積の四分の三は山地で、平野部はわずか北予の海岸沿いに残るのみである。そこに住む人たちは子供のころから皆、朝に夕に伊予の山並みを眺めて育ったという人が多いのは事実であろう。そして男の子は生涯に一度はこの石槌山を登る「石槌参り」が皆、必修のように聞かされていたのである。さらに中学生になると、今度は一日掛かりの「行軍登山」と称した山登りの難業が課せられていて、戦時中はどこの中学でも似たような鍛錬の行事があった。

しかも、それはあたかも中国北京の「頂上に登らずんば人に在らず」と言われる万里の長城登頂とそっくりである。どこの国も同じであるが、それほど伊予の人たちはこの「石槌信仰」を大切に伝えているのである。

しかし、そこには山頂から見る瀬戸内海の絶景と、四六時中吹き抜けるさわやかな涼風があり、実に快く登りの疲れを癒してくれるのである。

昔から、「石槌山には鳳凰が舞う」と漢詩にも詠まれた（今治市民公園の碑）ほど、古来、伊予の人々はこの美しい故郷の自然と、頭上に広がる大空の清澄さをこよなく愛していたのだろう。

そして現実には、今もこの峨々たる岩肌にハヤブサやミサゴなど南へ渡る鳥たちの本土最後の休憩地として、彼らの楽園にもなっているのである。そして、この鳥たちは皆、瀬戸内から吹き上げる潮風の上昇気流にうまく乗って、難なく山頂に辿り着くという。

この四国一番の大気の流れの良さは、今や鳥ばかりか人間たちが空を飛ぶのにも利用されているのである。

つまり、石槌山頂は目下、四国随一の滑空場として若者たちのハンググライダーやパラグライダーの飛翔ステーションとなっているのである。

事実、国内のハンググライダー滑空場としては内陸部にありながら、これほどの強い風に恵まれているところはなく（大抵は島や海辺の断崖を利用したところが多い）石槌山頂は今や伊予の人はもちろん全国各地の若いグライダーファンにとってまさに航空メッカと呼ぶにふさわしい理想的なステーションなのである。

この恵まれた自然環境のもとに育まれた伊予の人々には、明治以来、立志伝中の人と呼ばれる人を数多く輩出しているのである。しかも、その人たちの多くはなぜか南伊予出身者が多いのである。

例えば、子規、虚子、近くは大江健三郎などの文士はもとより、軍人、実業家に至るまで、八幡浜や宇和島地区など松山以南に集中している不思議な現象がある。しかもその傾向は航空分野の人たちにも見られるのである。

前述のように伊予には大空に向かって開かれた天然の滑空場があり、人々が昔から空に憧れを持っていたことはうなずけるが、なぜ南予か明快な解答は今もって不詳である。一説には、働き場の少ない南予にいてもらちが明かず、志ある若者は皆、笈を負って上方へ上って行ったとも言われている。

その伊予出身の我が国航空界の先覚者としては、まず二宮忠八、相原四郎海軍大尉、それに日本女性飛行家第一号の兵頭精の三人であろう。

②伊予の飛び屋たち

前述のように、伊予には古来、石槌山に象徴される大自然の恵みがあり、人々が大空に憧憬の念を抱くことは極く自然の姿であっただろう。誰も変人扱いされることはなかったはずである。かつては空飛ぶ人は皆変人扱いされた。その代表的人物がかの二宮忠八であり、後に我が国初の女性飛行家になった兵頭精の父親、兵頭林太郎もその一人に入るであろう。彼は農業が本業であるが、彼も若くして大空に憧れ、農業を営む傍ら、早くから空中飛行に関する情報、知識を収集するのに熱心であったと言われて、娘の精が女性ながら飛行家を志したのも、実はこの父の志を継ぐためであったと言われている。

二宮忠八は伊予八幡浜出身で、少年時代から頭脳明晰、数理の才能に優れ、空への夢は人一倍強かったと言われる。また手先も器用で、早くから町内で「タコ作りの名人」の異名を取っていた。もちろん空飛ぶ機械、器具類の製作も日々の生活の中にあった。そして一八八七年（明治二十年）四月、丸亀歩兵第十二連隊の看護卒として入隊し、軍務に励む日々となった。

だが、彼はその激務の中にあっても、空への思いは絶えることはなかった。

そしてその翌々年、秋期大演習の帰途、樅ノ木峠（香川県仲多度郡仲南町）でフト見た鳥の飛翔姿勢から、現在の「固定翼と迎え角」の原理を見い出したのである。これは忠八にとっては誠にラッキーなことであった。彼はこの原理を激しい軍務の傍ら小型模型飛行機に適用し、飛行実験を試みたのである。

彼はこの模型飛行機を「カラス型飛行器」と命名し、ゴム動力式で、一八九二年（明治二十四年）四月二十九日夕方、練兵場の片隅で一人秘かに飛行実験をやったのである。

だが、結果は上々。「飛行器」は彼の理論通りに高度約三メートルで約三十三メートルを見事に飛翔したのであった。

ときに忠八二十六歳。青春の真っ只中のことであった。ライト兄弟の「人類初動力飛行」の成功より十二年前の快挙となった。

その後、忠八は人間が実際に搭乗可能な動力式飛行機製作を考え、「玉虫型飛行器」を設計した。そしてその製作を国防上の見地から彼は陸軍に依頼することにして、上申書を上司の軍上層部へ提出したのである。

だが、当時、我が国は日露戦争の激動の時期であり、軍がこれを受け入れることは到底不可能で、ついに却下され、忠八がその意を得ることはできなかったのであった。

しかも、ときあたかもライト兄弟の「人類初の動力飛行」成功のニュースが彼の耳にも入り、ついに彼は自らの意志で「玉虫型飛行器」製作を断念せざるをえなかったのである。

その後、彼は住居を京都市の八幡に移し、そこに彼自身の手で、これまでに飛行機事故で死亡した人々の慰霊と、今後の飛行機そのものの健全な発展を祈念して「飛行機神社」を建立し、彼の生涯にわたる飛行機への思いを残したのであった。

そして一九三六年、七十歳でこの世を去った。

彼の人生はまさに飛行機一辺倒であり、かつ示唆に富んだ輝かしい生涯で、伊予が誇る航空パイオニアであった。

伊予のもう一人の我が国航空先覚者は、相原四郎海軍大尉である。

彼は愛媛県温泉郡高井村（現松山市高井町）出身で、旧制松山中学から海軍兵学校を卒業した秀才であった。

彼が任官したのは明治中期で、年齢は忠八よりわずかに後輩であった。日露戦争終結後（一九〇五年）の我が国は富国強兵の国是のもと、軍備の近代化が焦眉の急として、陸海軍ともに激動の時代であった。そして一九〇九年、陸軍は「臨時軍用気球研究会」を勅令で発足させ、軍用機の開発研究とその操縦技術習熟の重要性は不可欠として若き青年将校を欧米に派遣することを決定した。

陸軍は徳川好敏大尉をフランスへ、日野熊蔵大尉をドイツへ、また海軍も同様に相原四郎大尉をドイツへ派遣した。彼らはそれぞれ慣れない異国での飛行機操縦技術と飛行機工学そのものの学習を懸命に努力したのであった。

しかし、当時、ドイツ航空界は、かつて「ドイツ航空の祖」と言われたオットー・リリエンタールがグライダーのテスト飛行中、機体の故障で墜落死するという国家的致命傷を負い、ドイツの航空機の研究、開発ならびに生産が他のイギリス、フランスに比べて大きく遅れていた、いわば航空機の空白時期でもあった。したがって、当時作られていた飛行機にも性能の優れたものがなかったのである。

その影響が日本から航空技術修得のために派遣されていた陸海軍将校たちにも及んだのは当然で、陸軍の日野熊蔵大尉は単葉のハンス・グラディ機など性能のあまり良くない飛行機で練習するしかなかったのである。海軍の相原四郎大尉も同様で、当時、ロクな飛行機のない状態で飛行機操縦技術を習得する以外に方法がなかったのであった。それゆえ相原大尉は不運にもそんな性能の良くない飛行機の故障で墜落死を遂げ、何とも運の悪い無念の思いであったと思われるのである。

我が国航空事故第一号となった、この相原大尉の操縦中の事故死の報告を受けた海軍首脳部は、直ちに交替要員を派遣することにした。ただし、ドイツへの派遣は取りやめ、新たにアメリカへ相原大尉と同僚の四人の大尉を派遣したのである。

すなわち、金子養三、河野三吉らである。そして、金子をフランスへ、河野ら残り三人をアメリカへ派遣し、それぞれ所定の操縦技術の修得を命じたのである。

彼らは同僚、相原大尉の無念なアクシデ

兵頭精（1899-1980）と姉（自宅にて）

ント死にもかかわらず、慣れない外国にあって懸命に飛行機技術修得に精根を傾け、併せて、相原大尉の遺志に応えるべく渾身の努力を重ねたのであった。

やがて所定のコースをクリアし、それぞれの操縦資格を持って帰国し、その成果は一九一一年（大正元年）、横浜沖大観艦式で天覧の栄に浴することになり、ようやくにして相原大尉ら若き海軍士官の苦節が報いられ、海軍航空の明るい未来を予感するのに充分であった。

このように相原四郎大尉は揺籃期の我が国航空界にあって、危険を顧みず率先して外国航空技術の修得につとめ、そのパイオニアの役割を十分に果たし、後日の海軍航空隊の基盤作りに一命を捧げた崇高な犠牲精神の持ち主で、伊予が誇るべき空の先覚者であった。

このように、初めての挑戦は何事にも絶えず困難を伴うことであり、それは難しく、気力と体力のいることであることは言うまでもない。

特に、ただちに身に危険が及ぶ空中飛翔へのトライは格別で、並大抵の根性でできる業でない。しかし、ここに紹介した伊予の航空先覚者たちの心意気には誠に見事と言う外なく、忠八、相原大尉そして女性ながらにこの困難を見事に克服した、兵頭精たちの明治人らしい信念を窺わせる強靭な精神力の成せる業は、我々現代人にとって、この上ないお手本となっていることは間違いないことである。

何事も初めて事を成し遂げることに苦心を伴うことは世の常である。

③兵頭一家の苦節

このように伊予には我が国近代航空の発展に貢献した人物が輩出し、人々は郷土の誇りとして今も尊敬の念を失うことはない。

そしていま一つ、我が国航空の黎明期にあって、女性ながらパイオニアの役を果たした伊予出身の我が国女性飛行家第一号の存在を忘れるわけにはいかないのである。

彼女の名は兵頭精といい、北宇和郡広見町（現、鬼北町）の生まれである。言わば彼女も南予出身なのである。

このように南予には男女を問わず実に優れた人物が目立つのである。彼女は前述のごとく兵頭林太郎の末娘として一八九九年（明治三十年）四月六日に生まれ、実家は今も子孫の方々が住み続けている。兵頭家は代々農業一筋のこの地方では中農規模の家柄と言われている。そして早くから子弟の教育には格別熱心で、子供たちは皆、女学校を出て、精も松山市の済美高等女学校（現、済美高等学校）を立派に卒業している。

だが当時、北宇和郡の田舎から松山市の女学校への通学には大変な苦労を強いられ、しかもその学費がかさみ、普通の家庭では容易にできることではなかったのである。親はもとより本人も厳しい生活環境に耐えていくしかなかったようであった。

また、父、林太郎はなかなか利発な男で、頭のよく切れる人物であったらしい。そして、村や部落の世話役を引き受けるなど、人望も篤かった。その上、彼も前述のごとく、若いときから空には特別の憧れを持ち、空中飛翔に夢を馳せ、早くから航空に関する知識や世界の情報類の収集に熱心であったという。

平素は農業に精を出しながらのことであったが、彼の航空への熱心ぶりは並大抵ではなかった。したがって飛行機に関するニュースは誰よりも早く耳に入れ、それを村人たちに教えていたと言われる。その博識ぶりは村の人々から厚い信頼を受けていた。

例えば、かのライト兄弟の「人類初の動力飛行」のニュースもこの南予では林太郎が一番早く情報を得ていたと言われている。

だが、不運にも彼は平素の無理な仕事がもとで、割合早く、精が十一歳のとき、世を去った。村一番の智恵者の死に村人は大いに嘆き、村は誠に惜しい人物を失ったものであった。

精はこの父の空へのひたむきな思いに心打たれ、無念な父の遺志を果たそうと心に深く刻んだのであった。そして女性でありながらも自ら飛行機操縦技術を身に付け空を飛行することを決め、心秘かに一人準備を進めていた。

だが、当時は前述のごとく飛行機はまだ発達途上中にあり、数も少なく、しかも国産機の性能は諸外国機に比べて劣り、しばしば墜落事故を起こしていた。

しかも操縦技術習得のための飛行学校または飛行機研究所なども少なく、全国に二、三校あるかどうかの状況であった。したがって、操縦技術を習うこと自体極めて難しく、卒業してパイロットになることはまさに現在の宇宙飛行士になるようなものであった。

また、研修費用も当時は「一分間二円」という高額で、並大抵の財力でできるものではなかった。したがって、当時は飛行機も、またそれを操縦する飛行士も実に珍しい存在で、当時、全国各地で飛行協会や大手企業主催の飛行機競技会が開催されていたが、そこではまるで見世物のような扱い方であった。そして、主催者側は見物人からそれぞれ高い料金を取って大儲けをしていたという、いわば変わった時代でもあった。

精はそんな、まさに男の世界の仕事をやろうという、たった一人の女性であった。しかし、それをやりとげるにはまず体力、そして前述のように高額な費用が問題になるのは当然であった。

当時、四国の片田舎から都会の飛行学校に入って飛行訓練を受けること自体、夢のような話で、物心両面の厳しさは容易なことではなく、彼女が母親たちに話すにも勇気のいることであった。

だが、精は反対されるのは覚悟で母と姉たちに自らの決意を打ち明けたのであった。しかし、結果は当然ながら、それを聞いた母と長姉カゾエは動転し、激しく怒った。

長姉は精の毎月の学費を作り、彼女の済美高等女学校卒業に大きな支えの役を果たしていたので、その怒りは尋常ではなかった。

だが、精はただただ、父の遺志に添い遂げたいばかりに、自らの危険を顧みず飛行機操縦技術習得の意志を変えることはなかった。

そんな険しい家族の雰囲気の中にあって、次姉ユズルは日頃から精の心中をよく察していて、それほどまで父の遺志に添いたいのならと、この心やさしい姉様は精の堅い決意に理解を示し、自分が大阪に出て働き、その賃金を精の研修費用に充てることを考えたのである。

精は肉親とはいえ、この姉のやさしい思いやりには死ぬまで感謝していたことは言うまでもなかった。

そして、姉と一緒に大阪へ出て、著名な病院の見習い薬剤師として働き、日々の賃金は、母が家の財産から出してくれることになった金額の不足分の補充に充てることにしたのであった。

当時、日本社会で必要とされた文明品の中で医薬品の開発普及は、シーボルトやそれ以降、幕末にかけてオランダ医学の導入などで、他の欧米諸国に比べてもさほど大きな遅れはなく、薬は社会に割合よく流布されていた時代であった。

そして、それら薬品の製造販売は関東よりむしろ長崎に近い関西地区で盛んであった。特に大阪、堺商人たちの財力に負うところが大きく、彼らは皆、明治以前の漢方薬に替わって西洋医薬品の導入を積極的に進め、その国内製造所を主に大阪難波、堺地区に設立し、活発な生産活動を展開していたのである。

中でも武田、田辺らはその先駆者として生産規模の拡大につとめ、当時の花形産業の一つとして、今日の基礎を確立していった時代であった。

したがって精たち姉妹も大阪では比較的楽に薬の仕事が見つけられ、資金稼ぎができたと思われるのである。

このことは南予の先輩、二宮忠八が「玉虫型飛行器」の開発資金を得るために大阪に出て薬品会社に勤めたり、またその後、彼自身薬品会社を設立して、その利益金を「飛行器」開発資金に充てたのと軌を一にするものであった。忠八の薬品会社も結構繁盛して、彼はかなりの資金が得られていたと言われる。

かくして精たち姉妹も前述のごとく病院や薬会社で働き、ようやく操縦技術研修資金を稼ぎ出すことができたのであった。

精はこの研修費用についての母や姉たちの献身的な努力に肉親の温かみをひとしお感じたことは言うまでもなかった。

このようにして、精は当時の金額にして約二〇〇〇円の大金の調達に成功し、一九一九年（大正八年）秋、遥かな千葉県津田沼の伊藤飛行機研究所に所長の伊藤音次郎を頼って上京していったのである。

この二〇〇〇円の金額は当時としてはもちろん大変な金額で、まして四国の田舎にあって作り出すのは至難の業と言えるものであった。当時はこれだけの金で家が一軒優に建った時代であっ

伊藤飛行機研究所の練習機（津田沼）

た。いわば男子一生の仕事に匹敵する金額で、兵頭一家の肉親愛の深さが強く窺えるのである。精の日本女性初飛行士の栄冠の陰に、この温かい親、姉妹の限りない愛の繋がりなくしては到底なしえられなかったと言っても過言ではなく、兵頭家の苦節がようやくにして報われたのであった。

人が大きな目的を達成しえた裏には、皆同じような果てしない肉親愛に支えられてこそ、成しえられたのであることは、洋の東西を問わないのである。

例えば、ライト兄弟の「人類初の動力飛行」しかり、フランスのファルマン兄弟、ボアザン兄弟、さらには製鋼技術のマンネスマン兄弟など、枚挙に暇がない。皆、それぞれの深い肉親愛の絆に依存しているところが大きかったのである。持つべきは、やはり家族であった。

④汐浜は天然の滑走路

かくして一九一九年（大正八年）秋、前述のごとく二十歳になったばかりの精は、母や姉たちの不安と期待の交錯する思いを背に、一人、千葉へと出発して行ったのである。

そして、丸一日近い汽車旅行の末、精は疲れた体で、ようやく津田沼に到着することができた。当時の千葉は東京に近いとはいえ、辺りは見渡す限り一面の田畑と松林で、精は何となく自分の古里とあまり変わらないものを感じたことであった。

そんな環境の中で、当時の伊藤飛行機研究所はその海辺にあった。このあたりの稲毛、津田沼海岸は東京湾に面した白砂青松の美しい砂浜で、金持ちの別荘地でもあった。しかも遠浅で、浜辺は潮干狩りの名所として、近在の人々は春の大潮のシーズンには大賑わいをして、精も南予の海を思い出したに違いない。

そして、いったん潮が引くと、そこには広い砂浜が現れて、伊藤飛行機研究所はここを滑走路として飛行機訓練に活用していたのである。まだ二十八歳になったばかりの若さで、財力の乏しかった伊藤にとっては、まさに打って付けの飛行訓練場になったのであった。

この伊藤飛行機研究所は当初は隣接の稲毛海岸にあった。それは一九一五年（大正四年）伊藤が独立して初めて設立したものであったが、その翌々年の一九一七年（大正六年）九月、関東地方を襲った台風の直撃で、ハンガーもろとも飛行訓練施設が全部破壊されてしまったのである。

そこで翌一九一八年（大正七年）、この津田沼に移転し、ここで本格的に飛行訓練を再開したのであった。当時、この種の飛行学校としては、関東では深川、豊洲に在った白戸栄之助が始めた白戸飛行機研究所とわずか二校であった。そして、我が国飛行機時代の草創期にあって、両飛行学校はともにその先導的役割を果たしていたのであった。

筆者は大学時代、我が国航空界の大御所、故木村秀政先生から、先生が若かりしころ、この白戸飛行機研究所へ「よく飛行訓練を見に行った」という話を伺ったことがあった。そういうことから推察しても、両校が当時の若者たちの憧れの的のような存在であったことがよくわかるのである。

もともとこの白戸栄之助も伊藤音次郎と同じで、少年時代から空への憧れの念が強く、冒険を恐れない「飛行機野郎」であった。

前述のように、当時、飛行機はライト兄弟の「人類初の動力飛行」の成功に刺激され、世界中が空に向かって動き出し、我が国でも国産機が作られるまでになり、奈良原三次、磯部佐外、伊賀氏広など、我が国近代航空の先覚者たちが次々と独自設計の国産機を作り始めていた時代であった。

しかし、その飛行機はまだまだ未熟で、どれも幼稚な設計製作のため、とても当時のイギリス、フランスの飛行機の比ではなく、飛行性能が著しく劣り、しばしば故障、墜落の憂き目を見た時代であった。

この伊藤音次郎はもとは大阪で金属問屋に勤めていたが、日本でも国産飛行機が飛ぶようになるや、もはや彼の心中抑えがたく、二十八歳の若者ながら、当時我が国航空界の第一人者であった男爵、奈良原三次に直々弟子入りを申し込み、助手となったのである。

そして、日々、奈良原から細々と飛行機の設計、操縦技術などの指導を受け、大いに飛行機知識を深めることができたのであった。

訓練中の兵頭精と友人（市原翠さん）

その後、彼はかねての計画通り、独立して前記のごとく、まず稲毛海岸に格納庫をはじめ各種の飛行機設備を整え、伊藤飛行機研究所を立ち上げ、砂浜滑走路で日々、彼自身の飛行練習はもとより熱心な若者たちの操縦訓練をも始めたのであった。

そして前述のごとく、国産飛行機の生産や、代々木練兵場での日野、徳川両大尉による我が国初飛行の成功などに刺激され、人々の飛行機熱は燎原の火のごとく拡大し、伊藤、白子両研究所は当たったのである。

かくして発足した伊藤飛行機研究所での訓練方式は、その後、台風被害で津田沼に移ってからも同じで、広い砂浜は若い伊藤所長にとってはまさに天与の滑走路となったのであった。

当時、この研究所には男ばかりの訓練生が数名在籍していたが、伊藤らに迎えられた精は、幸運にも、まさに「紅一点」、たった一人の女性訓練生として受け入れられ、ひとまず飛行訓練を受講することになったのである。

そして、国内でも飛行機が飛ぶ時代を迎えて、政府は暫定的に航空法を制定し、（現行の航空法は一九五二年（昭和二七年）に制定された）訓練生たちは、所定の操縦コース終了後、終了証書が授与され、そこで操縦試験に合格すれば三等飛行士の免許証が授与され、晴れて飛行士として空を飛行できるのであった。

精は当時、たった一人の女性訓練生でありながら、毎日油だらけになり、しばしば男に間違えられるほどの恰好で、男子同様、厳しい訓練に励んだのであった。

この伊藤飛行研究所では、伊藤の友人で同じように飛行機に憧れた山県豊太郎、後藤勇吉など三、四人のスタッフで飛行訓練が行なわれていた。

その中で伊藤は技術者タイプで、飛行機そのものの工学に強く、専ら飛行機の工作、修理などの仕事に重点を置き、操縦訓練の方は同僚の山県らが担当して、日々の業務を分担しながら運営されていた。

この山県は、若いながらも各地の飛行大会に出場して妙技を披露し、その優れた飛行技術は当時高く評価されていた。

精は伊藤飛行機研究所に入所後は専らこの山県の指導で操縦技術を磨いていたが、山県は彼女の男勝りの活発な資質と熱心な受講態度に感心し、彼も指導者として終始、こと細かに熱を入れて指導していたと言われる。

この伊藤飛行機研究所での飛行の実技訓練は当然ながら、まず地上滑走訓練から始められた。地上滑走は言うまでもなく、飛行機が確実に離陸するための最も重要な動作である。

つまり、飛行機の離陸には充分な地上速度が必要で、規定速度以下では離陸できない。飛行機がしばしば離陸に失敗事故を起こすのはこのためで、パイロットは着陸時とともに、飛行中最も神経を使う瞬間なのである。

この伊藤飛行機研究所には二台の地上滑走機があり、訓練生たちはまず十六馬力のフランクリン式滑走機で訓練し、充分なスピード感覚に慣れたところで、次に日野熊蔵大尉設計の三十馬力の伊藤式地上滑走機に移る。これで充分な滑走訓練をして、最後に指導者との同乗飛行を経て、単独飛行で全飛行訓練を終了するのであった。

精は厳しいながらも、日々、自らの目標に向かって必死に訓練に集中したことは言うまでもなかった。

しかし、精にとってそんな順調な操縦技術修得の中で、一番心にこたえたのは、最も頼りにしていた指導者、山県豊太郎の訓練中の事故死であった。

それは、日頃から熱心に繰り返し練習した飛行中の宙返りをしていた時、エンジントラブルでストップして、高度約六百メートルからの墜落によるものであった。

これは、伊藤飛行機研究所ではもとより、当時、草創期にあった我が国航空界にとっても大きな痛手であった。誠に痛恨の極みで、不幸なアクシデントとして、彼の死が人々に惜しまれたことは言うまでもなかった。そして、精はもとより、多くの訓練生たちに与えた飛行機墜落の恐怖とそのショックは計り知れず、その後の飛行訓練に支障を来たすほどの打撃を受けたのは当然であった。

その指導者不在の混乱の中で、一縷の光となって精たちをひとまず安堵させたのは、この研究所の中で若手の腕の良い助手を指導者に選び、とりあえずその指導で飛行訓練を続行することであった。

これは精にとっては誠にラッキーで、ありがたかったに違いない。

精は伊藤所長の強い激励もあり、再び飛行訓練に打ち込んでいったのである。もちろん、精自身も自らの飛行訓練期間中、二度の事故に遭い、危うく命を落とすところであった。

一つは、地上滑走訓練中のことで、機体重量と走行速度とのアンバランスな条件がもとで、機体が飛び跳ねる恰好でひっくり返り、手足を負傷した事故であった。つまり、機体が浮き上がり、転覆したので、精は危ういところであったが、以後の訓練には差し支えなく、彼女にとっては誠に幸運であった。

この事故は離陸訓練中にはしばしば起こる事故で、砂浜滑走路の不整もその原因の一つで、訓練中は誰でも一度は経験することであると言われている。

いま一つの事故は、本当に危ない墜落事故で、それは高度約一五〇メートルのところを飛行中、エンジントラブルで、プロペラが急に停止し、指導者と精はもろとも海中に突っ込んだのであった。

だが、このときも彼女は強運であった。一緒に乗っていた指導者、後藤勇吉の好判断と、機体の急浮上で精はかすり傷一つ負わずに脱出に成功したという。これは飛行機乗りにとっては本当に危うい「キモ」を冷やす事故のはずであって、さすがの精も内心かなり大きなショックを受けたに違いなかった。

しかし、精はその翌日も、さも何もなかったかのように、いそいそと研究所に現れたのには、伊藤所長や後藤はじめ多くの仲間もさすがに驚きの顔で精を迎えたという。

人生には「運」は付きもので、何が幸せをもたらすかはわからない。彼女は幸運の星の生まれであった。かくして幾多の困難と辛い苦労と努力の末、ようやく精にとって初めての航空法に基づく飛行免許試験を受験するときを迎えたのであった。

⑤大和撫子飛行士第一号の輝き

だが、その伊藤飛行機研究所卒業直後の第一回目の飛行試験では、機体の着陸直後の操縦ミスで機体がひっくり返り、初の三等飛行士操縦の試験は失敗に終わったのであった。

そして、翌年一九二二年、大正十一年三月二四日に再度受験し、今度は見事に合格し、晴れて我が国初の女性三等飛行機操縦士の誕生となったのである。ときに精二十三歳。まさに華やぐ娘盛りの真っ最中の快挙であった。

しかし、運命のいたずらか、華やかに開いたはずの兵頭精の飛行機人生はそう長くは続かなかったのである。

彼女が見事に三等飛行機操縦士になってから彼女が飛行服姿を見せたのは、その年、大正十一年六月二、三日の両日開かれた帝国飛行協会主催の三等飛行士だけの飛行競技会に出場したとき、ただの一度だけであった。

何が彼女をそうさせたのか。精がその後飛行機を操縦することはなかったのである。その理由は今もって不詳である。

ただ当時、日本社会では男尊女卑の風習が色濃く残っていた時代であり、飛行機がまだ珍しいとき、女性パイロットの誕生に素直に喜びを示さなかった社会性の貧困さも一因で、彼女を萎縮させたのであろうか。積年の父の遺志は果たせたものの、精としては生命がけの自らの苦難の努力は水泡に帰したも同然で、かつ、母や姉たちにかけた膨大な研修費調達の苦労など、肉親の情とはいえ、その恩義の深さを思うとき、彼女の無念の思い、やる方なかったに違いない。

しかし、兵頭精が女性ながら、強い意志と忍耐力で我が国初の女性パイロットとして女性に空への活躍の道筋を示したことの若い人に与えたインパクトは、限りなく大きい。以後、女性飛行家の誕生が相次ぎ、その間、上仲鈴子は大阪—東京間の単独無着陸飛行に、また、西崎キクはその後、日本—満州国間の親善飛行に、それぞれ女性として初飛行に成功した意義は大きい。

今や女性達は日本女性飛行家協会を組織するまでに発展し、女性飛行家の資格者は増加の一途にあり、その基礎作りに献身的にパイオニアの役を果した兵頭精の功績は極めて大きく、永く、称讃に値するものである。

21❖西崎キク誉れの白菊号

──ハーモン賞に輝く日満親善初飛行

①日本女性水上飛行士第一号の誕生

このように、我が国女性飛行家第一号の栄誉に輝きながらも、その飛行実績には今一つ恵まれず、あたかも華麗なる花火の一瞬の燦《きらめ》きにも似て短く終わった兵頭精の不運の飛行機人生があったにもかかわらず、後に続く若い女性たちの空への憧れはいやが上にも高揚していった。

これは当時、飛行機性能そのものの発達と相俟っていたことは言うまでもない。そして、欧米諸国に遅れながらも元気よい進歩的な我が国女性たちの飛行ライセンスの取得は増加の一途を辿っていったのである。

かくして彼女達の中には早々と上仲鈴子の東京―大阪間初飛行はじめ、国内各地のイベント参加や調査、訪問飛行なども活発に行なわれるようになっていた。

それらのうち、女性飛行家として最も目覚ましい活躍をしたのは、埼玉県上里町生まれの西崎キクであろう。

もともと彼女は頭もよく、手先も器用な上、幼児期から男顔負けの元気のよい女の子であったらしい。しかも学校成績も良く、長じて埼玉県立女子師範学校を卒業して、小学校の教師になっていた。

彼女が飛行機に関心を持ち始めたのは、その教師時代のある日、近くの中島飛行機製作所（現富士重工）での見学で、初めて飛行機の機体に触れたときであった。

そしてその後、東京、立川飛行場ではじめて飛行体験することができ、これが彼女をパイロットになる決心をさせた決定的理由となったのであった。

だが当時、なお不安定要素の多い飛行機に、まして女の子がそれに乗ることに両親が猛反対したのは当然であった。

それでも彼女は他の女性同様に、敢然と押し切って東京へ出た。そしてまず、当時の第一飛行学校に入り、その後、愛知県の安藤飛行機研究所へ移り、ここで一九三三年（昭和八年）八月、水上飛行士試験に合格し、晴れて我が国初の女性水上飛行士第

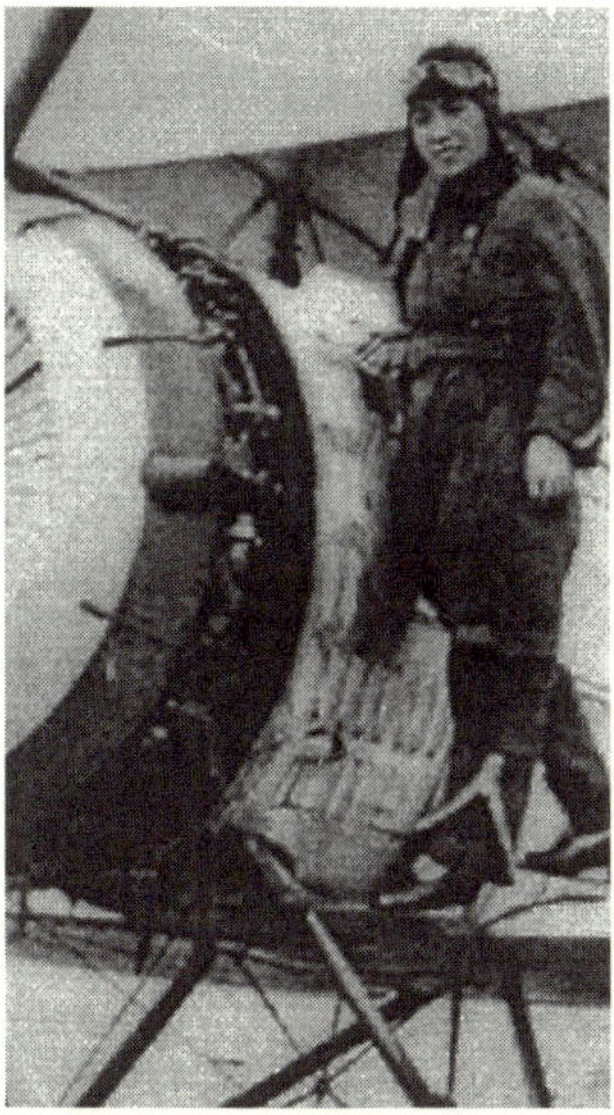

西崎キク、満州国建国祝賀飛行の出発直前

西崎キク、満州国建国祝賀飛行の出発直前と
Z式一型偵察機（白菊号）（1934 年）

一号となったのであった。

西崎キクのこの水上飛行機パイロット第一号の誕生は、前記、兵頭精の初飛行から十一年後のことであったが、当時は水上機そのものの発達が世界的に遅れて、なお未完成要因が残っていた時代でもあった。

それらを見事克服し、ライセンス条件をクリアしたことは女性ながら天晴れというほかなく、郷土の人々はじめ、多くの人々の称賛を浴びたことは言うまでもなかった。

そこで、彼女は故郷、上里町の人々へのお礼を兼ねて、初の郷土訪問飛行を計画したのである。

それは同年十月のこと、彼女は上里町上空を旋回し、利根川に架かる阪東大橋近くに見事着水に成功。集まっていた町内挙げての大観衆の喝采を浴びたのであった。

この初の郷土訪問飛行の成功を皮切りに、彼女の女性飛行家としてのスタートは見事成功したのであった。

②ハーモン国際賞に輝く満州訪問飛行

そして、彼女の飛行機人生で最大のイベントは何と言っても、満州事変の真最中で行なわれた満州国の建国祝賀を目的とした新京訪問飛行であった。

そのときの飛行機は、彼女の名前「キク」にちなんで「白菊号」とときの床次竹二郎逓信大臣が命名した、旧陸軍の「乙式一型偵察機」（サムルソン2A2型）であった。復葉・復座の機体に二三〇馬力星型エンジンを搭載した国産機であった。これは各務原市の当時の川崎航空機製作所（現川崎重工㈱）で一九二二年から生産されていた名機の一つであった。

しかし彼女は、前記のごとく、水上機の飛行ライセンスは持っていたものの、新京周辺には適当な水上機の着水地がなかった。

そこで、やむなく陸上機で飛ぶことになり、彼女は改めて陸上飛行機の飛行免許取得のため、東京、州崎の亜細亜飛行学校に入り、急遽訓練を受け、やっとのことで翌一九三四年（昭和九年）、彼女は陸上機の飛行免許をも取得することができたのであった。

そして同年十月下旬、晴れて満州へ向けて羽田飛行場を離陸して行ったのである。

だが、飛行はいかに当時の名機とはいえ、小型機特有の不安定飛行が続き、出発から浜松、大阪、太刀洗と国内上空はクリアしたものの、朝鮮海峡上空では強風に煽られ、その飛行は難渋を極めたが、彼女の必死の操縦桿捌きで、女性初の朝鮮海峡横断飛行に成功。無事、尉山飛行場に着陸することができたのであった。

しかし、そこからの飛行には朝鮮半島の背骨を形成する中央山脈の難所が待ち受けており、大陸特有の季節風とともに、果たして越えられるかという不安の思いに駆られながらの飛行であった。だが、彼女は自身の強い精神力を振り絞って、必死の思いで飛行を続けた。

しかし、何分にも強い向かい風で、飛行時間が倍以上オーバーし、燃料切れが次第に迫っていた。

そこで彼女はその日の目的地、京城（現ソウル）を目前にしながらも、やむなく京城市内を流れる漢江の土手に不時着することを決心、見事それに成功したのである。彼女は強運に恵まれ、この不時着は誠にラッキーで、一つ間違えば本当に生命を落とすところであった。

そして、朝鮮の人々の親切な世話を受けながら、京城飛行場で態勢を整え、再び新京目指して飛び立って行ったのである。

途中、新義州、奉天（現瀋陽）を経由して、十一月四日、見事新京飛行場に着陸したのであった。

飛行距離二四四〇キロメートル、十月二十二日羽田出発から十四日間。困難を克服しての日本女性初の満州国訪問の大飛行であった。またこれは女性初の国外飛行でもあった。

満州国は、彼女の快挙を記念して、後年十一月三日、当時の明治節の佳き日に併せて、「白菊小学校」を開設し、その名を残したのである。

また、飛行機「白菊号」はそのまま現地に残し、その後、大連市の満鉄記念博物館に展示し、末永く彼女の偉業を顕彰することになった。

こうして彼女は一躍有名婦人の仲間入りし、日本、満州両国の人々のみならず、広く世界的にもその名が知られるようになった。

彼女のこの満州訪問飛行の成果が世界の人々、特に若い女性たちに与えたインパクトは極めて大きく、彼女たちの奮起を促すのに充分であった。そしてそれは国際的に評価され、彼女は、翌一九三五年（昭和十年）、フランス国際航空連盟から「その年度の最も顕著な航空業績を挙げたパイロット」に与えられる「ハーモン・トロフィ」が贈られた。

同時に、この国際航空連盟の終身会員にも推薦される栄誉にも浴したのである。その彼女の会員番号は三十一番で、彼女は世界で三十一番目に終身メンバーになったのであった。

これは当時、我が国航空界にとっては男女を問わずこの上ない名誉なできごとであったことは言うまでもなく、以後、我が国航空発展に大きな刺激を与える結果になったのである。

ときに、西崎キク、弱冠二十二才、まさに華やぐ女性の真っ只中のことであった。

③魔の津軽海峡

彼女はその後も日々、飛行技術の研鑽に励んだことは言うまでもなく、各地の飛行学校の指導教官をも勤める傍ら、地方への訪問飛行も繰り返していた。

そして、一九三七年七月七日（昭和十二年）今度は「第二白菊号」で、樺太の豊原市の市制祝賀訪問飛行を計画したのである。

飛行機は前回の満州訪問飛行と同じ、旧陸軍の「乙式一型偵察機」で、羽田飛行場から豊原市へ飛んだのであった。

しかし、このときも北海の気象は厳しく、津軽海峡上空は濃霧で、飛行方向も定かならず、おまけに雨まで激しくなり、気温も下がり、ついに真夏にもかかわらず海峡中央辺りでキャブレターが凍結し、エンジンがストップして飛行不能に陥ってしまった。

だが、彼女は冷静で、陸上機ではあったが彼女の水上機操縦技術の要領で慎重に、運良く、付近を航行中の大型貨物船の側面近くの海面に不着水させることに成功したのである。

このときも彼女の強運が大きく幸いし、荒れた北の空からの墜落を危なく免れ、まさに「九死に一生」を得たのである。彼女は生涯、約四十年に及ぶ飛行機人生中、このようにしばしばアクシデントに見舞われながらも、自らはそれに臆することなく、小型機による長距離飛行挑戦への執念は誠に見事であった。そして、後に続く若い女性飛行家の良きお手本的存在となっていたことは言うまでもなかった。

その後、我が国は日中、太平洋戦争と激動の時代に入り、国家総動員態勢になった。

そこで彼女は女性ながら自分の飛行機操縦技術が国家に役立てられないかと、陸軍に輸送機のパイロット志願を申し出たのである。だが、それはあえなく却下され、彼女の無念の思いやる方なく、操縦技術による国家への忠誠の道は閉ざされたのであった。

その後、彼女は当時の食料増産の国是のもと、満蒙開拓義勇団の一員（大陸の花嫁）として渡満し、北満の地で苦労しながら働き、終戦とともに帰国した。彼女の飛行業績は、その後、一九七三年（昭和四十八年）当時、すでに設立されていた日本婦人航空協会の理事に就任し、その翌々年、一九七五年、メキシコ市で開催された国際婦人年世界大会に出席し、ウーマンパイロットとして大いに各国婦人たちとの交流を深めた。

さらに一九七六年（昭和五十一年）には日本婦人航空協会による日本一周飛行大会にも参加し、彼女は東京―仙台間を飛行するなど、戦中戦後の一時期飛行機から離れていたにもかかわらず、彼女の操縦技術の腕前は決して落ちることはなかったのであった。

西崎キクの六十六年間の生涯は、我が国航空界が生んだ稀に見る進歩的な女性飛行家のリーダーと呼ぶに相応しく、彼女が残した内外にわたる数々の輝かしい飛行実績は永く称賛に値するものである。

22❖利根を彩る花一輪

——埼玉生まれの女性パイロットたち

よく知られているように、関東から東北地方にかけての太平洋岸は、上空約五〇〇〇メートルあたりでは、常時毎秒二〇メートルから三〇メートル前後の地球の自転に伴う偏西風が吹いており、これが飛行中の追い風となって飛行を容易にするメリットをもたらしている。

したがって、古来多くの先人たちもこの偏西風に目を付け、自らの飛行に活用することを考えて、数々の挑戦を繰り返していたのである。古くは我が子を大凧に載せ、伊豆大島から偏西風に似た西風に乗せて飛ばした源為朝の故事があり、近くは八戸近くの淋代海岸からの初の太平洋無着陸横断飛行に成功したパングボーンとハーンドンたちの歴史的挑戦がある。また、太平洋戦争直前には、東大・航研機の関東地方周回の無着陸長距離飛行の世界記録樹立など、数々の業績が残されている。これらは皆、この地方上空の偏西風の効果を受けて得られた快挙であり、そのメリットは計り知れず大きく、航空草創期の早い時期から知られていた有効な気象現象であった。

したがってこの地方は早くから諸々の航空開発関係の活動が活発で、中でも埼玉の土地は航空メッカと呼ぶにふさわしいところである。

まず、県西部の所沢は我が国近代航空揺籃の地であり、そこにはかつて栄光に輝いた数々の事績を示す航空発祥記念館があり、その中の今なお残る各種飛行施設は、日々若い人たちの飛行訓練に使われ、我が国航空草創期を偲ばせるに充分である。

さらに、東部の利根川近くの川越には、今世紀の宇宙航行には不可欠のロケット研究所があり、日々の研究活動は極めて先進的で、常に宇宙開発の先端を目指している。

また、北部の妻沼には利根川の広大な河川敷を活用した滑空場（小規模飛行場）があり、小型飛行機や大小さまざまなクラスのグライダー訓練ができ、ここではしばしば国際的なグランプリ競技会や学生航空連盟主催のさまざまなイベントが毎年開催され、男女を問わず、若者たちの空への思いを存分に発散させている役割は極めて大きい。

また、この辺りは関東平野のほぼ中央部にあたり、季節の穏やかな、春、秋には色鮮やかなバルーン（熱気球）の放揚大会があり、国内大会のほか国際色豊かな競技大会も開催され、人々は否応なく華麗な空のショーを愉しむことができるのである。

まさに、埼玉は航空メッカと呼ぶにふさわしい所以である。

しかも、この利根川流域の太田、宇都宮はじめ桐生、館林などの各都市では、明治の終わりから大正の初め（一九一二～一九一四年）ころにかけて、我が国初の飛行機生産を始めた中島飛行機製作所（現富士重工）がある。ここはかつて欧米の「コルセア」「ファールマン」など世界の名機をお手本にして、国産飛行機の製造を始めた当時の先端企業であった。そして、これらの都市では飛行機関連の工場が次々と建てられ、それは今もなお続けられており、この利根川流域は飛行機生産の発祥地と呼ぶにふさわしいところである。

それゆえ、この地方の人々は早くから時代進化のシンボルとも言える飛行機の実物を目近く見ることができ、しかも、ときには新型飛行機のテストフライトさえ見ることができた、誠に恵まれた環境であった。

したがって、若い人たちには自らの空中飛翔への更なる夢を膨らませ、新たな科学技術への何ものにも替え難い道しるべとなっていたことは言うまでもなかった。実にこの地方は飛行機のメッカと呼ぶにふさわしく、若い人たちの飛行機への新たな意欲を掻き立てる効果は極めて大きかったと言っても過言ではない。

そして、進歩的な女性たちの中には、早々と操縦免許を取得する者さえ現れていた。

その傾向は新型飛行機の開発とともに一層テンポを速め、戦前の一九三五年（昭和十年）ころにはすでに全国で二十七名の女性パイロットが誕生していたと言われる。そのうち東京では五名、埼玉では二名の女性飛行士がいた。いかに埼玉の若者の飛行機志向が強かったかが窺えるのである。

その二名とは、前記の西崎キクと田中皐子で、彼女たちは紛れもなく、利根川に近い埼玉生まれであった。

西崎キクは前述のごとく、一九一二年（大正元年）埼玉最北の上里町生まれで、彼女は生涯に亘り飛行機と共に自らの人生を送った。彼女が最も輝いた飛行実績は、前項で詳述した通りで、一九三四年（昭和九年）旧満州国建国祝賀飛行であったことは言うまでもない。田中皐子とともに残した我が国航空黎明期の業績は誠に見事と言うほかなく、まさに利根に咲いた花の香りがあった。

23❖女優と飛行士の二足のわらじを履く女性

——田中皐子の華やぐ人生

そんな埼玉は関東平野のほぼ中央に位置し、真ん中には地域住民の「母なる川」利根の本流が流れ、人々の日常生活を支えている。気候温暖、地味肥沃、豊穣の恵みがある富有の土地柄である。古くは武蔵の国として、人々は文武に長じ、また江戸にも近く、文明開化の恩恵を受け入れやすい地理的条件も幸いし、太田道灌などが江戸文化を支える役目をも果たしていた。それゆえ、この地に育った人々は皆穏やかで、向上の志厚く、豊かな知識を備えた人材を数多く輩出している。田中皐子もその一人で、西崎キクより二才年下の一九一四年（大正三年）、利根川に近い川越市で産声をあげた。彼女も早々と空に憧憬の思いを抱いていた一人だが、飛行機への直接の係わりは一九三十年（昭和五年）、川越高等女学校卒後のことで、しばらくの間は東京文化学園で洋裁を習っていた。たまたま、設立後間もない田中飛行機研究所の事務員として勤めることになり、それ以来、日々の仕事に直接飛行機が係わることになり、次第に意欲も高まって、生来器用な彼女は一九三五年（昭和十年）、二十一才の若さで三等飛行士の免許を取得したのであった。しかも、その操縦技術は男子顔負けの腕前で、彼女はすぐ田中飛行機研究所の教官を勤めることになったのである。

しかし、人の運命ほど先の見えないものはない。彼女はもともと美人であったらしく、当時、日本映画の草創期を支えていた日活多摩川撮影所のスタッフの目にたまたま止まり、彼女はそこでさんざん口説かれた末、この映画の将来性についても全くわからないまま、こともあろうに女優になってしまったのである。これは一九三六年（昭和十一年）、彼女二十二才、飛行士になった翌年のことであった。当時はまだ無声映画時代のことで、栗島すみ子、田中絹代、それに大河内伝次郎などが大活躍していた時代で、彼女はその仲間に入ってしまったのであった。飛行士も女優も、当時はどちらも珍しい時代であったが、彼女はその「二足のわらじ」を見事に使い分けたのであった。しかも美人であった彼女はたちまち日本中の評判になり、大人気を博していたという。

彼女の処女映画は「翼の世界」という無声フィルムであった。一九三七年（昭和十二年）、日中戦争開始の慌しい世情であったが、なかなかの評判で、その後、「青い背広」にも出演した。

まさに利根に咲いた美しい女優飛行士の誕生であった。

このように、埼玉が生んだ二人の女性飛行士は、生涯にわたり、それぞれ華麗な空の業績を残し、それらが後に続く若い女性たちへ未知の世界への強いインパクトとなって影響を与えていたことは言うまでもなかった。

朴敬元（1901-1933）

その後、彼女の日々の生活は、田中飛行機研究所社長と結婚した後も、しばらくの間は女優をしながら飛行機操縦にも励む毎日となっていた。

そして一九三八年（昭和十三年）、これまで世話になった川越の人々への感謝の訪問飛行を行い、空からテープを散らして市民に応えたという。時に二十四才の花やぐ女性の真っ只中のことであった。

しかし、その後の彼女の人生に何があったか、日中戦争拡大に追われた時代であっただけに、彼女の飛行機に関する情報は詳らかでなく、それは今日まで続いている。

いずれにせよ、埼玉が生んだ西崎、田中の二人の女性飛行士の爽やかな飛行機人生が世の人々に与えた数々のメッセージは限りなく大きく、高く称賛に値するものである。

24❖伊豆に消えたコリアンの星
――朴敬元の勇気

①韓国女性飛行士第一号の輝き
このように我が国航空草創期における女性飛行士たちの活躍は次第に活況を帯び、それはもちろん、前記兵頭精や西崎キクらの苦節に満ちた我が国女性飛行士の誕生に負うところが大きい。

そして、彼女たちの飛行機熱の高揚とともに当然ながら、飛行ライセンス取得数も増加の一途を辿っていた。そしてまた、彼女たちは日々の熱心な飛行訓練の賜で、自らの飛行技術の腕前は新型飛行機の開発と相まってその上達のテンポを一段と速めていたことは言うまでもなかった。その結果、彼女たちは各地の飛行大会の出場はもとより、日本各地の空路開拓はじめ、宗谷、津軽、朝鮮などの海峡横断から、早々と満州大陸横断飛行まで視野に入れるまでになっていた。

そして、その実績はいち早く国際的にも評価され、前記のごとく西崎キクはフランス国際飛行連盟からハーモン賞を授与された。

これは男女を問わず、我が国初の国際航空賞受賞の栄誉であり、大和撫子として万丈の気を吐き、誠に見事と言うほかなかった。

そして、この華々しい航空熱気に煽られるかのように、彼女たちの中には、もともと日本国籍を持たない者まで含まれるようになった。

正田マリエ、朴敬元、李貞喜などがそれである。正田マリエはもともとオーストリアのプラーグ出身で、本名をペトウフ・マリといい、夫の正田政雄の死後、日本飛行学校で二等飛行士の免許を取得した金髪の美人で、以後、日本人として各地の飛行イベントに参加して名を挙げ、六十余年の生涯を終えた欧州系の女性飛行士であった。

また朴敬元と李貞喜はともに韓国出身で、いずれも若くして来日し、貧しい賃金と厳しい差別に苦しみながらも二人はそれぞれ日本飛行学校で修業し、二人とも見事韓国女性飛行士第一号と同じく第二号の免許証を取得して、堂々と韓国女性の心意気を示した。以後、二人は各種の飛行行事で活躍し、韓国女性飛行士のパイオニアの役を果たしていた。

特に朴敬元の活躍が目覚ましく、その飛行技術は日本でも高く評価されていた。

彼女は一九〇一年六月二十四日、現在の大邱市で家具職人の父、朴業伊の五女として生まれた。彼女は頭脳明晰の上、一六八センチの立派な体格で、子供のときから男勝りの活発な女の子で、何事も人のやらないことに興味を持ち、空中飛翔についても格別関心が高く、いつの日にかその夢を果たしたいと早くからその準備を進めていたと言われる。

韓国はかつて日本の植民地として、二〇一〇年はその百周年にあたるが、当時はその大変革期にあたり、彼らの日常生活にはさまざまな新たな規制が課せられ、貧困と差別に喘いだ時代であった。しかも、女性が飛行士になるといっても、当時は日本人でさえ高額の修業資金が必要で(約二〇〇〇円と言われた)、皆、苦労した時代であった。

朴敬元もその資金調達のために、入学していた韓国の信明女学校を中退し、大邱の慈恵医院の助産婦看護婦学校に入り、その後二年間のインターンを終えて看護婦として働き、ようやくにして飛行学校の入学資金作りを始めることができたのであった。

しかし、厳しい差別を受けながらの資金作りは、かつての兵頭精や多くの日本人以上の厳しさで、並大抵の根性でできることではなかった。彼女の資金作りには、当時、韓国新聞社の東亜日報が彼女の意志に共感し、彼女の資金作りのための一文を自紙に掲載し、全韓国民から善意の寄付金募集を始めたのである。そのお蔭でようやくにして一九二五年十月、日本飛行学校操縦科（現立川市）に入学することができたのである。そして日々、男子学生と同じ教科目をこなし、約二年半の激しい訓練の末、一九二七年一月二十八日、晴れて三等飛行士の免許（第四三〇号）を取得、韓国女性飛行士第一号となった。朴敬元はようやくにして初志を貫徹することができ、母国韓国人はもとより多くの日本女性の祝福をも受ける晴れがましい思いに胸をときめかす毎日となった。

しかし、彼女は自らの操縦技術の更なる上達を目指して二等飛行士免許の取得にも励んだ。そして、その資金作りの一環として、彼女は初めて日々の飛行士生活の実態を一文にまとめ、釜山の京城日報に寄稿し、その稿料を得ることと、また全国各地の飛行競技大会にも出場しその入賞金を得るなどの苦心の努力が続けられた。その並々ならぬ心身酷使の厳しさは、尋常の人の到底及ぶところではなかったと言われていた。

しかし、この飛行ライセンス取得の難しさは当時は世界どこの国でも同じで、ヨーロッパ、アメリカはじめ、金持ち以外の人は皆、苦労の連続であった。

だが、朴敬元はその努力の甲斐あって翌年一九二八年七月一日、晴れて二等飛行士免許取得に成功した（第八十一号）。すべては彼女の弛まぬ努力と忍耐の賜と言うほかなかった。

もちろん、その後の彼女の操縦技術は、日々の研鑽と相俟って、一段とそのレベルを上げ、男子同等の域にあったと言われ、早くから女性飛行士の日本の代表格と認定される程の評価を得ていた。

②ビクター・ブルース歓迎飛行の大役

そして、ついに彼女にとって初の実力公開の晴れの日が来たのである。
それは、前述のごとく一九三十年十一月二十四日、我が国が初めて迎える外国人飛行家として、イギリスの女性パイロット、ビクター・ブルースを迎える歓迎飛行に彼女が指名されたのである。これは彼女にとって名誉であることこの上なく、彼女はこの日のための万端の準備を整えることになった。

その時のビクター・ブルースは、世界一周飛行の途次、日本を通過、立ち寄るというもので、飛行機はブラックバーン型、ブルーバード機であった。そして、同年九月、ロンドンのクロイドン飛行場を出発。南まわりでウイーン、トルコ、インド、ハノイ、上海、京城（現ソウル）等を経て、約六十日かけて大阪に到着していた。そして翌十一月二十四日、浜松上空を経て、相模湾上空で朴敬元の日本側の歓迎機と接触、彼女の歓迎のコールを受け、誘導を受けながら、夕刻近く、無事立川飛行場に着陸したのであった。

朴敬元は同じ女性同志の気安さから、ビクター・ブルースに長途の飛行の疲れを癒す言葉と以後の飛行への励ましのメッセージを贈り、互いに篤い女の友情を交わし、この重責を果たすことができた。こうして人々の期待に応え、併せて自らの操縦技術の確かさに更なる自信を深めることができたのであった。

彼女はこの上ない満足感と両親への感謝、更に、この道を選んだことへの誇りを改めてかみしめ、これからの飛行機人生に明るい未来を予感し、パイロットとしてこの上ないスタートを切ることができたのであった。

③伊豆に消えた星

しかし、世の中「好事魔多し」と言う。人生誰しも良い事ばかりではない。この朴敬元とてその例外ではなかった。彼女は自らの飛行家としてのステータスも順調のうちに定まりつつあるかに見えた。

だが、それからわずか二年余りの一九三二年八月、待ち望んでいた母国訪問の親善飛行の出発わずか五十分後に伊豆山中にその勇姿を消そうとは神ならぬ身には知る由もなかった。人間の運命ほどわからないものはない。

当時一九三三年（昭和八年）ころのアジアの国際情勢は緊迫の度を深め、我が国は五族協和を合言葉に、満州国建設を国是として、国を挙げてその遂行の真っ最中にあり、朝鮮、満州、蒙古など近隣諸国との互恵親善を標榜して、文物の交流は一段とその度を増していた。

また、一方朴敬元自身としても、これまでに女性飛行士として成長した自らの姿を両親はじめ、故郷の人々に感謝の気持ちを込めて、一度は訪問して見てもらいたい気持ちをかねて秘めていたことは言うまでもなかった。

そして、その時期がほどなく訪れたのである。それは日本政府の日鮮満の親善訪問飛行の計画が実現の運びとなり、その大役が彼女にまわってきたのである。これは彼女にとってこの上ないチャンスとなったことは言うまでもない。しかもその時搭乗する飛行機も、ときの逓信大臣、小泉又二郎の骨折りで、早々と旧陸軍の「乙式一型偵察機」が準備され、すべては順調のうちに進められていた。

この旧陸軍の「乙式一型偵察機」は、当時、陸軍の払い下げ機であったが、フランスのサムルソン社の設計製作で、サムルソン2Ａ2型機で、当時、世界の名機の一つであった。

日本陸軍は、空軍創設とその拡充を目的に八十機購入し、日本空軍の基礎を確立した主力機であった。

彼女はこの愛機を「青燕」号と命名し、これからの飛行前途に幸運を祈ったのであった。

(韓国で青燕は幸運を呼ぶ鳥という)

その主なる仕様は次の通りである。

全幅：一一・七m、全長八・六二m、主翼面積：三七・三㎡、最高速度：一八六km/h、全備重量：一五〇〇kg、航続時間：七時間、標識：J-BFYB 所沢２４４号

また、彼女はこの飛行日程を次のごとく設定して万全を期し、最後の調整に余念がなかった。

一九三三年八月七日　羽田〜大阪
　八日　大阪〜太刀洗（福岡）
　九日　太刀洗〜京城（ソウル）
　一〇日　休息日
　一一日　京城〜奉天（審陽）
　一二日　奉天〜新京（長春）

そして、運命の日を迎え、彼女は新しい飛行服に身を包み、大勢の人々の見送りのうちに大阪に向けて離陸して行ったのである。ときに一九三三年八月七日十時三十七分。その日、羽田上空から南関東、伊豆方面にかけての気象状況は良好とは言えず、朝から今にも雨が降り出しそうな厚い雲と霧が立ち込め、視界の悪い生憎の天候であった。関係者の中からは出発延期の声さえ出る有様であった。

だが、翌日は羽田で関東防空演習が予定されており、かつ彼女にして見ればせっかく集ってくれた大勢の見送り人への気遣いもあり、結局、気の強い彼女は一気に離陸して行ったのであった。

慰霊碑（第1）の撰文　日本飛行学長の書

慰霊碑（第1）の撰文（裏面）

だが、運命のいたずらか。空はなぜか彼女に好意的ではなかった。雲は一向に去らず、霧の消える気配は全くなかった。彼女は視界少々不良のまま飛行するしかなかったのである。そして、余り高度を上げないまま、湘南海岸上空を一路、伊豆半島の標高七九八メートルの玄ヶ岳を目指していたのである。そのときの「青燕」号は恐らく玄ヶ岳とほぼ同じ高度で飛行していたと思われるが、これについては「その時刻ころに飛行機の爆音を聞いた」という箱根測候所の後日の証言からも頷けることであった。そして離陸から約五十分過ぎ、飛行機が玄ヶ岳に接近していたとき、彼女は自らの顔面に迫り来る山肌を見た瞬間、これを一瞬のうちに回避しようと機首を上げ、機体の急上昇を試みたはずである。だがその瞬間、衝突回避はしたものの、機体は大きく失速し、落下、岩肌に激突。墜落したと考えられるのである。

何とも不運な痛ましい一瞬のできごとというほかなく、聞く人皆、悲惨な思いに駆られるアクシデントであった。ましてや彼女自身の無念の思いや如何ばかりかと察するにあまりある痛恨事で、これが我が国女性航空事故第一号の惨事となったのである。このつらい報道はたちまち全世界に拡がり、日韓両国民はもちろん、聞く人皆、等しく悲嘆の涙に暮れたことは言うまでもなかった。

熱海梅園にある追悼記念碑（2002年建立）

また、我が国航空界にとっても誠に惜しまれる人材を失って、その損失は限りなく大きく、将来の航空発展に不可欠の若きリーダーだけに、その痛手は計り知れず、朝野を挙げて痛恨のドン底にあったと言っても過言ではなかった。誠に惜しまれる朴敬元の飛行機人生の終焉であった。

この痛ましい航空事故について、二つの疑問点が後日、専門家の間で指摘されている。

一つは飛行ルートについて。当時、定期航空では天候不順の場合には、伊豆半島先端の石廊崎をまわって駿河湾上空を浜松へ飛ぶのが一般的であったが、彼女はなぜか伊豆山系越えを目指していた。

二つ目はなぜ低い高度で飛行を続けていたかということであった。

一番目については彼女の飛行技術に対する自信と強い気性が大きく働いて、一気に伊豆の山を越える決心をしたと思われることと、いま一つは石廊崎まわりより飛行時間の短縮ができるということであろう。

二番目については、当日生憎視界が悪く、周囲の確認などからやや低く飛行したことが災いしたと考えられている。また、前述のごとく、箱根測候所の証言などから、「低い」と言ってもほぼ玄ヶ岳の高さ（七九八メートル）に近い高度で飛行していたと考えられている。

いずれにせよ、結果は無残な結末に終わったのである。

人の運命ほどわからないものはない。朴敬元の場合も、彼女のこれまでの輝かしい実績から思えば、まさか大飛行の始まりから躓くとは夢にも思わなかっただろうし、また周囲の関係者も皆、彼女の操縦技術レベルの高さから、このような不運な飛行になろうとは予想だにできなかっただろうと思われるのである。誠に「不運」の一語に尽きる飛行であった。今、墜落現場（熱海市大字上多賀）の玄ヶ岳山頂近く（標高約七百メートル）には、当時の多賀村の人々の善意の寄付金で建立された記念碑が二基建立されている。古い方の一基は墜落の翌一九三四年（昭和九年）七月、当時の多賀村の人々の寄付金によって建立されたと言われるものであり、いま一つは、後年、一九八一年に建立されたものである。

前者は高さ約一メートルの自然石で、表側には相羽日本飛行学校長の「鳥人霊誌」と題した追悼文が彫刻され、裏面にも関係者の一文が刻まれている。いま一つの一九八一年建立の石塔は、一辺約三十センチメートルの正方形の高さ約一メートルの石柱で、裏面に「朴敬元嬢遭難慰碑」と刻印されている。現場は標高約七百メートルで、伊豆スカイラインにも近く、日韓友好の証として訪れる人は後を絶たない。

また、熱海市にはもう一ヶ所に彼女の追悼の碑が建っている。それは二〇〇〇年（平成十二年）九月、日韓首脳会談が熱海で行われたのを機に、森喜朗、金大中両首脳の発案で熱海市と韓国太陽会からの資金で熱海梅園内に建立されたものである。これはなかなか立派なモニュメントで、前述のアメリア・イアハートのイギリス、バリポートの記念碑や、その他、ニューヨーク、パリなどの大飛行家のそれに劣らぬ立派な巨石の作品である。これは、台座の上に平面に置かれた四角形の平板状の（八〇×二〇〇×五〇㎝位）色鮮やかな赤御影石に、彼女の顔と日本語と韓国語の碑文をエッチングしたガラス板を埋め込んだもので、一見していかにも韓国女性飛行士にふさわしい華やかなデザインである。これは訪れる人々の目を楽しませるに足る見事なもので、改めて朴敬元の人柄を偲ばせるに充分である。そして、これはまた、韓国出身の不世出の大女性飛行家、朴敬元の三十三年に及ぶ生涯の輝かしい数々の業績を顕彰し、今も訪れる人々に静かに語り掛けている。

25❖北に消えたナンバー2飛行士の夢

――李貞喜の不運

近代航空の揺籃期に韓国女性飛行士第一号の栄誉に輝きながらも、日鮮満三カ国親善飛行の壮途空しく、花の三十三才を一期に、伊豆の山霧に消えた朴敬元飛行士の無念の思いには、今なお聞く人皆、胸に迫るものを禁じ得ず、彼女を顕彰した熱海梅園の碑には今も訪れる人が後を絶たない。

そして、もう一人、朴敬元に続く韓国女性飛行士第二号の李貞喜の活躍もまた多くの人の記憶に残っている。いわば、彼女は朴敬元に次ぐナンバー2の存在で、女性ながらも大韓民国が北緯三十八度以南に誕生するや、初代の大統領、李承晩に女性飛行隊の創設を進言した。

そして、それが国防上の見地から、必要と認められるや、彼女はその女性飛行隊の指揮官となり、後に続く若い女性飛行士たちの訓練を担当し、大韓民国草創期に大きな功績を残したのであった。

彼女は一九一〇年（明治四十三年）一月、京城（現ソウル）に生まれ、幼少時から頭脳明晰の上、物事の判断が良く、しかも運動は何でもこなしたという。特に理系の思考力に優れ、人類の空中飛翔についても日頃から、鳥類、昆虫類の飛翔姿勢を注意深く観察し、人類への対応を独特の考え方で進めていた進歩的な女性であった。

しかし当時、韓国はすでに日本の植民地時代に入っており、先輩の朴敬元ら多くの韓国人民は日常生活に厳しい重労働と貧困や差別に喘ぎ、とても空を飛ぶどころの話ではなく、操縦免許取得の資金すらなかったのであった。

そして、差し当たっての飛行学校入学金にも事欠く有様で、到底余人の及ぶところではなかった時代であった。

李貞喜とて同じで、彼女も日々の生活費にも事欠く上に、飛行学校入学金作りには特別な方法を考えるしかなかったのである。

つまり、その多くは東亜日報など、当時韓国の大メディアの支援金や一般の善意の寄付金、さらに彼女が女学校の同窓会でダンスを披露しその見返り金を得るなどの方法で、その苦労たるや、それは到底、普通の人の及ぶところではなかった。

しかし、世の中は「苦あれば楽あり」の喩えの通り、人間誰しも「苦労ばかり」ということはなく、苦労を重ねて仕事を続ければ、必ず後に楽しいことがある。

彼女もその苦心の努力の甲斐あって、必要資金（前記のごとく、飛行学校修学資金は高額で、約二〇〇〇円と言われていた）をようやくにして作り出すことができたのであった。そして、ただ一人、日本へ渡り、お目当ての立川の日本飛行学校へ入学することができたのであった。

そのころ、先輩の朴敬元もその約十ケ月前に同じ日本飛行学校へ入学して、日々激しい訓練を受けていた。二人は互いに励まし合いながら、男子訓練生と同じコースのクリアに努力を重ねていた。

そして、彼女たちはそれぞれ所定教科の学習修了後、航空法に基づく実技試験に挑戦した。その結果、李貞喜は一九二七年（昭和二年）十一月、見事三等飛行士の免許が取得できたのであった。これは、彼女より十ケ月前、一九二九年一月、すでに同じ免許を取得していた先輩、朴敬元の韓国女性飛行士第一号に次ぐ、同第二号の栄誉であった。ときに、李貞喜十八才。花も蕾のかたい香りがあった。

また、朴敬元も華やぐ二十六才の若さであり、二人は協力して後に続く女性飛行士のリーダーとして、活躍の場を一層広めていった。そして、日々の二人の生活は、年齢が八才若い李貞喜の方が朴敬元を尊敬し、ともに操縦技術の向上を目指して意欲を燃やしていく毎日であった。

しかし、人間の運命ほどわからないものはない。

それから六年後、あれほど親密に付き合い頼りにしていた朴敬元の伊豆山中での墜落アクシデントほど彼女にショックを与えたものはなかった。まさに「晴天の霹靂」の思いに打ち拉がれていたことは言うまでもなかった。李貞喜は同じ韓国人として、その後の朴敬元の追悼行事に進んで参加していたことは言うまでもなかった。

そして、同僚飛行士として、朴敬元の一周忌には、正田マリエ飛行士とともに伊豆の玄ヶ岳上空から花束を投下し、先輩飛行士の悲運の霊を追悼したのであった。

また、その後も、朴敬元と同じコースの追善飛行を行うなど、同じ韓国人として先輩飛行士に冥福の祈りを捧げることに吝《やぶさ》かではなかった。

そして、ときは移り、前述のごとく第二次大戦終結後、母国が日本植民地の軛《くびき》が解けるや、ときの大統領、李承晩に女性航空隊の創設を進言した。そしてそれが韓国防衛の一環として認められるや、いち早く自らその指導者となり、率先して若い女性隊員の訓練に日々精力を尽していた。

これは前記のごとく、大韓民国独立間もない揺籃期のことであり、これが韓国防衛に果たした功績は極めて大きく、彼女が残した業績は永く称賛されるべきである。

しかし、人間誰しも自らの運命ほどわからないものはない。李貞喜も韓国女性空軍の重要な任務を担当していたがゆえに、一九五〇年六月から一九五三年七月まで続いた米ロ対立を背景に起きた大韓民国と朝鮮人民共和国（北朝鮮）とのいわゆる朝鮮戦争が勃発するや、韓国のあらゆる分野の著名人物は皆、北朝鮮へ拉致され、李貞喜の名前もその人名簿に残されていたのであった。それは明らかに北朝鮮行きを意味しており、何とも苛酷な運命のいたずらと言うほかない。そして、その後の動静は一切わからないまま今日に至っており、有能な人物だけに彼女の失跡は誠に惜しまれる痛恨の極みと言うほかない。

このように、李貞喜の人生はその後半が不本意のままに北朝鮮に拉致されるという悲運に遭い、自ら企画した仕事を残しながらの埋没した日常生活の運命には、彼女自身、無念の思いやる方なく、また彼女を知る人皆、断腸の思いに駆られたことは言うまでもなかった。

しかし、日本植民地時代、また戦後の一時期に、韓国女性飛行士第二号として、朴敬元らと協力して、輝かしい数々の航空業績を残し、母国発展の基礎造りに貢献した李貞喜四十七年の生涯は誠に立派と言うほかない。

特に戦後、女性航空隊を立案、自らその指揮官として祖国防衛の第一線で果たした業績は永く称賛されるべきものである。

26❖世界の99ＩＮＣメンバーたち

――拡大する女性飛行家組織

かくして我が国航空草創期における進歩的女性、西崎キクらの活躍に刺激されて、若い女性飛行家の誕生は飛行機の進歩とともに増加の道を辿り、一九五二年（昭和二十七年）には彼女たちを纏めた日本婦人航空協会が結成された。そしてそれは会員相互の支援と情報交換、後輩たちの技術指導、さらに99などとの国際交流、隣国への訪問飛行、国際会議の開催等を目的に、活発な活動を展開していた。その上、その六月に早くも国際婦人航空協会の支部を立ち上げ、同年十月に社団法人に認可された。さらに二〇〇〇年（平成十二年）には会名を日本女性航空協会に改称し、麻生和子初代会長以降、歴代会長指導のもと、本年（二〇一一年）で創立五十八周年を迎え、会員総数は一〇一名に達している。（平成十七年三月現在）その会則には「空を愛する女性たちを励ます賞」という会員、一般女性を対象に「空に関する顕著な業績を挙げた女性」を表彰する制度があり、若い女性の空への奮起を促している。そしてこの種の「空飛ぶ女性」を顕彰し「空への貢献」を推進するための表彰制度は今や全世界の飛行クラブ、飛行協会などすべてにあり、その主なるものは、前記「アメリア・イアハート賞」はじめ、彼女の９９アメリカ女性航空協会を筆頭に英国、フランス、ドイツ、ロシアなどでは皆制度化され、若い女性に強烈にアピールしている。また各空軍にも女性パイロットが誕生しており、第二次大戦中、アメリカでは前述のごとく大戦末期に「ＷＡＰＳ」を組織して女性空軍兵士が大活躍し、輸送機、通信などの軍務に就き、Ｂ29など重爆撃機にも搭乗していた。さらにイギリス、ドイツ、フランスなどヨーロッパ諸国でも同じように第二次大戦中女性の空軍勤務が伝えられていた。

我が国では遅ればせながら、一九九七年（平成九年）になって初めて女性のヘリコプター操縦の航空自衛官（二曹）が誕生した。

また、一九九九年には二尉の航空自衛官が誕生するなど、ジェット機時代になってようやく女性の空軍勤務が実現し、大いに彼女たちの活躍が期待される時代になった。

このように、女性たちの「空での活躍」は世界的に拡大し、その発展ぶりはまさに刮目に値す

The Ninety-Nines INC.
のマークとヘッドオフィス

るものがある。

しかし、人数は増えたが、その多くはいまだにお金に余裕のある金持ち女性のレジャー目的が主流の状態である。中には簡単な個人業務を目的にしたものもあるが、使用機もその多くは小型の軽飛行機で、小型ジェット機を操縦する女性は未だ少数派である。

また、彼女たちの中にも単なるレジャーだけでなく、パイロットを職業にしてエアラインや郵便配送、貨物輸送などに従事している本格派もおり、欧米諸国ではその数も少なくなく、その傾向は増加の域にある。

これほどまでに世界各地で女性たちが空での活躍の場を拡げることになったのは、何と言ってもアメリア・イアハート、ルイス・サーディンらによる一九二九年、サンタモニカ―クリーブランド間の女性パイロットだけの初のエアダービー終了直後、カーチス飛行場で結成した９９女性航空協会の先導的活躍の恩恵が興って大きかったことは言うまでもない。９９女性航空協会はその後、会員増加に伴い、The Ninety-nines Inc. に正式に名称が改称され、略して「９９ＩＮＣ」と記載されている。

そして、彼女たちの活躍は、今や全世界の女性たちに空への勧誘とその奮起を促すに足るものになっている。

その後、彼女たちの活動の波は世界各国に及び、それぞれ女性航空協会または航空クラブの設立を促進し、そこに「９９ＩＮＣ」の支部を設置するまでに拡大しているのである。

我が国では一九七六年（昭和五十一年）日本婦人航空協会に「９９ＩＮＣ日本支部」が設置された。

そして、その「９９ＩＮＣ」への参加国数は今や三十五カ国に及び、総会員数は約五五〇〇人に達している。

もちろん、各国にはそれぞれ独自に自国女性航空協会またはクラブが組織され、会員相互の支援と情報交換などを通じて、若い女性の勧誘と飛行技術の向上、さらにその活性化を計っていることは言うまでもない。

このように全世界の女性飛行家を啓蒙し、そのグローバル化の推進に貢献した「９９ＩＮＣ」の功績は称賛に値し、その成果は前述のごとくアメリア・イアハートはじめ進歩的アメリカ女性パイロットたちの先見の明に負うところが極めて大きいと言っても過言ではない。

アメリカでは、その後、新たな女性飛行家の組織の結成が進められている。

その中にはエアラインの女性パイロット、各航空会社の整備部門の女性技術者、各航空機製造メーカーの女性技術者、ヘリコプターパイロットなど、その内容は多岐にわたっているが、設立趣旨は「９９ＩＮＣ」の方針に沿ったものである。

またヨーロッパでは各国の「ＥＵ」への統合に従い、女性航空協会も各国の協会を統合した

「ＥＵ女性航空協会」を設立して、それぞれ国境を越えて親睦と活発な運動を展開しているのが注目されるところである。

このように、欧米先進国はもとより、インド、東南アジア諸国、オーストラリア、ニュージーランドなど殆どの国で女性パイロットたちが組織化され、それぞれの活動方針の決定、結果の公表、記録の評価とその保存などは各航空協会でシステム化されている。

いま、「９９ＩＮＣ」の本部はアメリカ、オクラハマ市の、ウイル・ローガー世界空港内に建てられた立派なビル（二階建て）内にあり、そこには「９９ｓ女性パイロット博物館」も併設されて、一般の人々に広く開放されている。

いま、世界各国に設立されている主なる女性航空協会は次のごとくである。

二十一世紀は宇宙航行時代と言われる。それは、今世紀末にも迫り来る地球人口の爆発的増加の解決には、人類の宇宙空間への移住、即ち、大型国際宇宙ステーション（ＬＩＳＳ）を建設し、そこで居住すること以外に方法はなく、それを避けては通れないという、ある人口問題専門家の指摘があるからである。

そして、それを可能にするには、まず、地球―ＬＩＳＳ間往復の安全で確実な「宇宙バス」方式の宇宙航行システムの確立が是非必要で、それが絶対条件になることは論を待たない。

そして、人々はその宇宙航空技術確立の前段階として、男女を問わず、まず、そこでの居住体験が必要であることも言うまでもない。

特に、宇宙生活においても女性の役割は常に重く、今後一層各国女性宇宙飛行士の宇宙体験とその活躍が大いに期待される所以である。

そして現実的には、現在、先進各国の手で建設中の国際宇宙ステーション（ＩＳＳ）での安定した長期間滞在がその第一歩になることは言うまでもない。

その中には、すでに各国の女性宇宙飛行士も参加して積極的に宇宙居住を体験しており、その結果に大きな期待が寄せられている。

我が国もそのパートナーとして、そのうちの一棟「きぼう」の建設を完了し、人類の宇宙空間での実験を確実に推進している。

このようにして、将来の「人類宇宙コロニー」建設と、そこでの地球同様の人間生活の実現を可能にする努力が懸命に続けられており、二十一世紀はまさに宇宙時代と言えるのである。

空飛ぶ女性の奮起を期待してやまない。

世界の主たる女性航空協会

名称	業務内容	所在地	創立
99INC. The Ninety-Nines Inc	女性飛行家の支援、交流情報交換、国際会議開催、記録の保存、後輩の指導	オクラホマシティ（アメリカ）	1929年
IAWA The International Aviation Womens Association	航空に従事する全女性パイロットだけではない世界的組織　約8000人	アメリカ	1988年
WAI Womens in Aviation International	国際的女性航空人の組織整備、軍人、学生すべてを含んだ会　約7000人	オハヨウ、他（アメリカ）	1990年
ISA+21 International Society Women	国際的女性パイロットの組織　20カ国、64airlines 約390人	アメリカ	1978年
AWAM Association of Women in Aviation Maintenance	航空関係の整備に関する女性技術者の組織	フロリダ（アメリカ）	1978年
AWE Aviation and Women in Europe	ヨーロッパ全域の女性飛行組織　相互援助支援、国際交流など。	ロンドン（イギリス）	2005年
FEWP Federation of European Women Pilot	EU全体の女性パイロット組織　現在11カ国が加盟している	ホワルド（ルクセンブルグ）	2004年
BWPA British Women Pilots Association	エアライン、軍人、学生などあらゆるパイロット組織。約300名、毎月1回。	ロンドン（イギリス）	1955年
IWPA Indian Women Pilots Association	インドの女性パイロット組織、アメリカの99と累々同一趣旨の会。	ムンバイ（インド）	1967年
NZAWA New Zealand Association of Women in Aviation	ニュージーランド女性航空関係の組織、パイロット以外も参加している。	ウエリントン（ニュージーランド）	1959年
AWAP Australian Women pilots Association	オーストラリア女性パイロットの組織。歴史が古い名門組織と云われている。	シドニー（オーストラリア）	1950年

あとがき

飛行機はライト兄弟の初動力飛行からすでに一世紀をすぎ、その間、多くの先人たちの英知と勇気によって、今日の安全性に優れた高機能機を生み、事故は減り、その速度効果がもたらす利便性と経済効果は、今や一日のフライト数が優に数万回を超すまでになり、世界の人々はもはや電車並みに利用するほどになって来た。

本書は、その多くを世界の航空発展に女性が係わった事実を中心に記述したもので、いかに世界の女性たちが空に憧れ、初飛行の実現に気力を燃やし、体力の限りを尽くして挑戦してきたかを記し、かつ、その業績が若い人たちのこれからの人生のあり方にも何らかの示唆を与えることになればとの思いをも込め、一書にまとめたもので、多くの女性の皆様方には是非ご一読いただきたいと願うものです。

執筆に当たっては、アメリカ、イギリス、フランスおよび日本の航空発展に関する資料に基づいて筆を進めたが、女性飛行家の資料が少なく、執筆完了までに三年余りを要した。

その間、資料の収集には東京工業大学名誉教授 津田健先生、東海興業㈱ケンタッキー工場長浜本亨氏。更に、兵頭精さんの資料については、兵頭家の方々、斉美学園事務局長西崎幸一氏、熱海市役所、長津義信課長および伊予銀行の皆様に多大のご援助を賜った。

また、日本大学教授木村元昭先生ご夫婦にはワープロ原稿の作成ならびに出版社の選定など多大のお手数を煩わせました。それぞれ記して感謝の意を表します。

二十一世紀は宇宙航行時代と言われ、アメリカ、ロシアを中心としたＩＳＳ（国際宇宙ステーション）での長期滞在の協同作業が続けられている。その中で世界各国の女性宇宙飛行士の活躍が目覚しく、女性たちの宇宙開発に果たした貢献は極めて高く評価されている。我が国でも二〇一〇年六月、山崎直子さんが向井千秋さんに続いて二人目の女性宇宙飛行士としてＩＳＳに約十日間滞在し、貴重な宇宙実験をこなし、家庭の主婦との「二足のわらじ」を見事に使い分け、全国民の称賛を浴び、若い女性に与えたインパクトは限りなく大きいものとなった。

さらに、平成二十二年七月初旬にはＪＡＬエキプレス社で我が国初の女性エアラインの機長が誕生して、航空女性として万丈の気を吐いた。このニュースは誠に明るく女性たちの「ヤル気」を高揚させるに効果があった。また、我が国航空界にとっても業績快復の新たなプロセスとして、願っても無いビッグニュースであり、期待を込めて迎えられた。

これからの先導的女性たちの快挙は、我が国航空女性たちに明るい未来を予感させるに充分であり、若い大和撫子たちに更なる奮起を願ってやまない。

著者

平成二十七年三月

世界の主たる女性飛行家と航空発達年譜

年度	出来事
一四五二	レオナルド・ダ・ビンチ、イタリアに生まれる。
一四九〇	レオナルド・ダ・ビンチ、羽搏式人力機「オーニソプター」（オーニトテロとも云う）設計。
一七〇九	ポルトガル神父・グスマンが「パッサローラ」（大きい鳥の意）設計。
一七五三	平賀源内、ヘリコプターの原型「竹トンボ模型」作成。
一七六六	イギリス化学者、ヘンリー・キャベンデシュ、水素の単離成功。浮揚ガス創出。
一七七四	「イギリス航空の祖」ジョージ・ケーリー卿誕生。
一七八二	フランス人モンゴリフェ兄弟、煙気球で一八〇〇m浮揚に成功。
一七八四	モンゴリフェ兄弟、煙気球で人類初飛翔成功。
一七八四	フランス化学者、ジャック・シャルル、水素気球の人類初飛翔に成功。
一七八四	エリザベス・シブレ、女性の気球搭乗第一号となる。
一七八五	フランス人、ジャン・ピエール・ブランシャール、水素気球でドーバー横断飛行。
一七八五	イギリス女性、ミセス・レチア、女性初の水素気球飛翔に成功。
一七八五	浮田幸吉、紙、竹製グライダー飛翔実験（岡山旭川橋）
一七八六	林子平「リウクト・スキップ」（飛行船の意）作図。
一七八七	沖縄の住人、安里周祥、羽搏式人力機の飛翔に成功。尚国王から嘉賞される。

一七九四	フランス空軍、気球部隊を編成。
一七九八	ジーン・ラブス、女性初の気球単独飛翔に成功。
一七九九	ケーリー卿、「空中飛翔原理」を発表。近代航空の基礎を作る。
一八一二	イギリス人、ウイリアム・サミエル・ヘンソン誕生。
一八二五	鶴岡の住人、松森胤保、人力羽搏機「鳥船号」作図。
一八四〇	ハイラム・マキシム卿、アメリカ、メイン州に生れる。
一八四三	ヘンソン、蒸気機関による空中飛翔機で英国特許取得。
一八四六	イギリス化学者ジェームス・スミソニアン寄付金でアメリカスミソニアン協会創立。
一八四八	「ドイツ航空の祖」、オットー・リリエンタール誕生。
一八四九	ケーリー卿、三枚翼グライダー「ボーイ・グライダー」で少年飛行に成功。
一八五〇	フランスの天才、アルフォンス・ペノー誕生。
一八五三	ケーリー卿「ニュー・フライヤ」号に人を乗せ一五三m飛行に成功。
一八五七	ル・ブリガ、名機「アルバトロス」号を完成。
一八五九	ドイツ人名設計者、フーゴ・ユンカース誕生。
一八六二	イギリス人、グリニッチ天文台長、グレーシャー、水素気球で一一〇〇〇m高度記録樹立。
一八六五	庄内の住人、斉藤外市、誕生。(後日、国産機「斉外号」の飛行成功させた)
一八六六	伊予八幡浜で二宮忠八誕生。
一八六六	イギリス人、飛行機研究家、パーシー・ピルチャースコットランドに誕生。
一八六七	ウイルバー・ライト誕生。

一八七一	アルフォンス・ペノー、「プラノフォア」（ゴム動力式模型機）作成。
一八七一	オーヴィル・ライト誕生。
一八七五	アメリカ女性飛行家第一号、ハリエット・クィンビー、ミシガン州に誕生。
一八七五	トーマス・モイ蒸気動力機で約十五㎝浮揚成功。
一八八〇	アメリカ女性、メリーマイヤス単独気球飛翔に成功。
一八八四	フランス人、クレブス、友人と本格的飛行船、「ラ・フランス」号完成。
一八八五	ドイツ人、ダイムラー、エンジン付二輪車開発。
一八八六	ドイツ人、カール・ベンツ、四サイクルエンジン付三輪車開発。
一八八九	二宮忠八「固定翼と迎え角」の理論を発見。
一八八九	日本　初の航空ショー、上野公園で開催。
一八九〇	第二回航空ショー、横浜公演で行われる。
一八九〇	「フランス　航空の祖」グレマン・アデール、「オエール」号（コウモリの意）成功。
一八九〇	「オランダ航空の祖」アントニー・フォッカー誕生。
一八九一	二宮忠八ゴム動力式模型飛行機「カラス型飛行器」初飛行成功。
一八九二	アメリカ人、ベッシー・コールマン、アトランダに誕生。
一八九三	フランス人、ハーグレイブ、箱型グライダー発表。
一八九四	ハイラム・マキシム大型蒸気機関で浮揚に成功。
一八九六	アメリカ人、サミエル・ピアポンド・ラングレー模型機「エアロードーム五号」でポトマック河畔、八〇〇ｍ飛翔に成功。

一八九六	ドイツ人、オットー・リリエンタール、グライダー実験で墜死。
一八九七	ドイツ人、ルドルフ・ディゼル、ディゼルエンジン完成。
一八九七	イギリス人、メリー・ヒース夫人アイルランドに誕生。
一八九八	アメリア・イアハート、ボストンに誕生。
一八九九	イギリス人、パーシー・ピルチャーグライダー「ホーク」号実験中墜死。
一八九九	兵頭精、愛媛県に誕生。
一九〇〇	ハイエット・クインビー、サンフランシスコで「ザ・コール・ビュレティン」新聞のレポーターとしてカリフォルニア州で有名記者の一人になる。
一九〇〇	ドイツ人、フェルナンデス・フォン・ツェッペリン、硬式飛行船「LZ一号」成功。
一九〇一	フランス人、サントス・デュモン、「飛行船六号」でエッフェル塔一周成功。
一九〇三	ハリエット・クインビー、二十八才になり、ニュヨークの「レスリー・ウィークリー」紙の記者になり活躍。世界一周旅行記執筆。
一九〇三	ライト兄弟、「フライヤー」号で人類初の動力飛行に成功。
一九〇六	E・リリアン・ドット、女性初の飛行機の設計製作。ただし飛行テストは行わなかった。
一九〇六	ハリエット・クインビー、一〇〇マイルの自動車スピード競技に参加。
一九〇八	アメリカ人少女（十五才）、タィニー・ブロードウィック、人類初のパラシュート降下。
一九〇八	ハリエット・クインビーアメリカで飛行訓練開始。
一九〇九	ルイ・ブレリオ、ドーバー海峡初横断飛行。

一九一〇	ハリエット・クインビーの著書「いかにして金を節約して車に乗るか」と「女性の自動車狂い」がベストセラーになる。
一九一〇	ハリエット・クインビー、ニューヨーク、ベルモントパークで国際飛行大会見物。
一九一〇	ハリエット・クインビー飛行訓練開始。
一九一〇	アメリカ人、ジャクリーン・コクラン、マロリダ州に生れる。
一九一〇	フランス人、ハロネス・レイモンド・ラロシェ、世界初の女性飛行ライセンス取得。
一九一一	ハリエット・クインビー、飛行ライセンスNO三七五号を取得（アメリカ女性では第一号となる）
一九一一	マチルド・モイサント　アメリカ女性飛行ライセンス第二号取得。
一九一一	フランスでフマールマン水上飛行機完成。
一九一二	ハリエット・クインビー、フランスでブレリオXI型機購入。
一九一二	四月十六日、ハリエット・クインビー、女性初のドーバー海峡横断飛行成功。
一九一二	七月第三回ボストン国際飛行大会に出場、墜落死。37才。
一九一三	カナダ人、アリス・マッキー・ブライマン、カナダ女性第一号飛行士になる。
一九一六	アメリカ人、ルース・ロー、シカゴーニュヨーク間で二つの飛行記録樹立。
一九一八	アメリカ人、マジョリー・スティンソン、女性初の郵便パイロットになる。
一九一九	イギリス人、ジョン・アルコック・ブラウン、アーサー・ホイッテン・ブラウン、大西洋無着陸横断飛行成功。

一九一九	ルース・ロー、フィリピンの女性初のメールパイロット二」任命される。
一九二一	ベッシー・コールマン、アフリカ系黒人アメリカ人、初の飛行ライセンス取得。
一九二二	兵頭精、日本初の女性三等飛行機操縦免許証取得。
一九二二	リリアン・カットリン、アメリカ女性　初のアメリカ大陸横断飛行成功。
一九二二	イギリス人、メリー・ヒース夫人、アマチュア陸上競技大会設立委員就任。「婦人と少女の陸上競技」を執筆、ベストセラーになりスポーツで活躍。
一九二四	メリー・ヒース夫人飛行訓練開始。
一九二六	メリー・ヒース夫人、イギリス飛行ライセンス「B」第一号取得。
一九二六	ベッシー・コールマン墜落死。
一九二六	メリー・ヒース夫人、小型機による高度世界記録（三九〇〇m）樹立。
一九二八	メリー・ヒース夫人、ケープタウン―ロンドン女性初飛行に成功。
一九二八	アメリカ訪問、アメリカ大統領から称讃された。
一九二八	アメリア・イアハート女性初の大西洋横断飛行（同乗飛行）
一九二九	第一回女流エアダービー（クリーブランド大会）サイス・サーディン優勝、アメリア・イアハート三位入賞。
一九二九	世界初の女性飛行クラブ99設立。（ニューヨーク、カーチス飛行場で）
一九二九	メリー・ヒース夫人、イギリス女性初のパラシュート降下成功。

参考文献

(1) 大空の開拓者たち（昭和五十年）鈴木五郎　㈱朝日ソーラマ
(2) わが心のキティホーク（一九八一年）木村秀政　㈱平凡社
(3) 死の水偵隊（一九九四年）安永弘　㈱朝日ソーラマ
(4) 日本民間航空史話（昭和四十一年）日本航空協会　㈱丸善
(5) 世界の翼シリーズ写真集、日本の航空史上、下　朝日新聞社（昭五十八年）
(6) 日本航空学術史（一九九〇年）日本航空学術史編集委員会編　㈱丸善
(7) 航空用語事典（昭五十六年）航空情報編集部編酣燈社
(8) Grumman Albatross (1996) Wayne Mutza
(9) とぶ―引力とのたたかい（一九六九年）佐貫亦男　（財）法政大学出版
(10) 飛べヒコーキ（昭五十二年）佐貫亦男講談社
(11) 航空事始（一九九二年）村岡正明　東京書籍㈱
(12) 飛ぶ―人はなぜ空にあこがれるか（一九九一年）野口常天　㈱講談社
(13) Aviation (1997) Peter Almond KONEMANN
(14) Wind and Sand (1999) Lynanne Wescot and Paula Degon

(15) 目で見る化学（一九八五年）山本和生ほか ㈱培風館
(16) 元素の話（一九八二年）斉藤一夫 ㈱培風館
(17) マウイ島（一九九〇年）オフィス・オハナ ㈱ダイヤモンド・ビッグ社
(18) 城下町松山と松森胤保（昭五十五年）田村茂廣 ㈱東北出版企画
(19) 飛行艇の水力学（昭五十一年）菊原静男 新明和工業㈱
(20) 航空学講座ヘリコプター（昭五十五年）佐藤裕也ほか （財）日本航空技術協会
(21) J.M.S.D.F Ship & Airczalt (1993) ㈱海上自新聞社
(22) Graf Zepplin-HizLife and His Wozlee (1995) Penten A.Schmidt
(23) Zepplin Museum Franlegurt &Friedrichshafen 資料
(24) 富士重工㈱技術資料
(25) ㈱日立製作所技術資料
(26) 新明和工業㈱技術資料
(27) 大英博物館資料
(28) 大英科学博物館資料
(29) Smithsonian National Aerospace Museum 資料

(30) 八幡浜市立図書館資料
(31) 庄内新聞資料
(32) The Geoge Amelia Earhart Colleetion at Barry Port 資料
(33) 横浜開港資料館資料
(34) 高松市立図書館資料
(35) 平賀源内先生遺品陳列館資料
(36) Amelia Earhart The Fun of It Random Records of My Own Flying And of Women in Aviation —TO the Ninety Nines— Academy Chieago Pulfshers (1977)
(37) Eazly Flying Machine by Henzg Dale .(1992)
(38) Women Who Fly by Lynn M,Homan and Thomas Reclly. PELICAN Pulfishing Co.(2004)
(39) Hazziet Quinty Aemenical Fizzt Lady of the Air A biogzaphy for Intermediate Readeis by antta P.Davie and Y.Hall The Hononiful Press (1998)
(40) Wright Brothers National Parte 資料
(41) Ford Museum 資料
(42) Leonardo Museum of Vinci and National Science and Telhnology of Milan 資料

●著者紹介
末澤 芳文（すえざわよしふみ）

1922年2月11日香川県に生まれる。1943年日本大学工学部機械工学科卒業。㈱宮田製作所航空機部に勤務。1944年応召。陸軍中部104部隊（加古川市）入隊。キ61（飛燕）飛行戦隊整備要員として北九州芦屋基地で終戦まで勤務。1969年東京工業大学国内留学（私学研修）。1974年工学博士（東京工業大学）。日本大学理工学部航空工学専攻大学院教授。1997年定年退職。日本大学名誉教授。日本材料科学会名誉会員。

主たる著書：『先端溶接工学』『先端機械工作法－NC工作法から航空機工作法まで－』（共立出版）、『機械工作法』（共著、産業図書）、『化学工学装置便覧』（共著、丸善）、『鳥人物語』（未知谷）、『人はなぜ飛びたがるのか』（光人社）。

女も飛びたい 航空黎明期に大活躍した女性パイロットの群像

2015年5月9日　第1刷発行

著　者　末澤　芳文
発行人　山田　盛雄
発行所　カロス出版株式会社
〒104-0031 東京都中央区京橋1-17-12
TEL(03)3562-5736　FAX(03)3561-7080
URL　http://www.kallos.co.jp/
印刷所　株式会社 シナノ パブリッシング プレス

ISBN 978-4-87432-040-2　C0076　定価：本体1,800円（税別）